U0236677

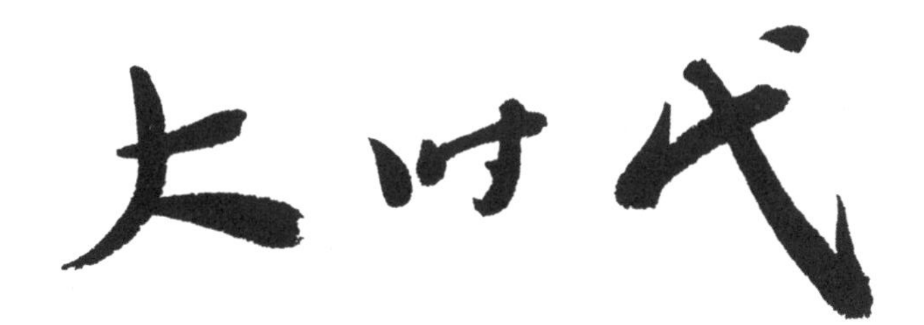


# 大连工业遗产探究

姜 晔 著

文物出版社

**图书在版编目（CIP）数据**

大时代：大连工业遗产探究 / 姜晔著 . -- 北京：文物出版社，2017.10

ISBN 978-7-5010-5215-8

Ⅰ . ①大…　Ⅱ . ①姜…　Ⅲ . ①工业建筑—文化遗产—探究—大连　Ⅳ . ① TU27

中国版本图书馆 CIP 数据核字（2017）第 214876 号

# 大时代

——大连工业遗产探究

著　　者：姜　晔
责任编辑：徐　旸
装帧设计：薛　璟
摄　　影：李　慧
责任印制：张　丽
出版发行：文物出版社
地　　址：北京市东直门内北小街 2 号楼
邮政编码：100007
网　　址：http: //www.wenwu.com
邮　　箱：web@wenwu.com
经　　销：新华书店
印　　刷：北京鹏润伟业印刷有限公司
开　　本：787mm × 1092mm　1/16
印　　张：23
版　　次：2017 年 10 月第 1 版
印　　次：2017 年 10 月第 1 次印刷
书　　号：ISBN 978-7-5010-5215-8
定　　价：280.00 元

谨 以 此 书 献 给 那 个 火 热 的 时 代

# Content

目录

## 上篇 大连工业遗产概况

## 下篇　大连工业遗产的保护和利用

从一个沿海小渔村，到今天为人瞩目的现代都市，大连在人们眼中无疑是一座充满魅力的城市。这种魅力来源于它独特的地理位置和城市发展历程。大连工业起步较早，继上海、武汉、天津之后，建立起了近代工业。大连曾是我国重要工业基地，基础雄厚、门类齐全，为新中国的诞生、共和国的建设，立下了不可磨灭的功绩。

2007 年大连市政府启动了第三次全国文物普查工作，2008 年大连市文化广播影视局成立工业遗产调查组，对大连工业遗产的调查第一次作为独立课题在全市范围内展开。非常幸运，我成为这一课题组的负责人，开始接触、了解、探寻工业遗产……

此次调查主要以 20 多家历史悠久的大型国有企业为重点，发现工业遗存 158 处，并列入大连工业遗产保护名录。这些工业遗产是大连城市发展的鲜活教材，它们让人们看到了城市文明的进程，看到了工业大发展的辉煌，看到了大连产业工人的工匠精神……

# 上篇

## 大连工业遗产概况

经过一百多年的风云变幻，特别是近四十年来工业设施、设备的更新换代，近三十年的城市“改造”，大连历史上形成的工业遗产破坏较大，而这正是当今工业遗产与其他文化遗产的区别之一，因而也就显得尤为珍贵。

## 旅顺船坞——大连最早出现的工业

生活在旅顺口的人们，几乎每天都会看到一艘艘战舰驶进港口和船坞。看着这座历经沧桑的港口和船坞，我们似乎还能感受到一百多年来这里所经历的洗礼和变革……如今，这座年深日久的船坞已经被正式列入全国重点文物保护单位和“大连工业遗产”清单。毫无疑问，这座船坞隐藏着岁月沧桑。穿过时间的隧道，纷繁的思绪让我们回到了一百多年前那个中国正在进行近代化建设的热火朝天的年代。

1874年2月6日，日本政府通过《台湾番地处分要略》。4月，组成所谓的“台湾生番探险队”3000人，由陆军中将西乡从道率舰队侵略台湾，并在琅峤登陆。5月18日，日军开始与台湾当地居民交战，牡丹社酋长阿实禄父子等战死。7月，日军以龟山为中心建立都督府。

清政府得知日军侵犯台湾消息后，立即向日本政府提出质问，并派福建船政大臣沈葆桢率军直赴台湾。沈葆桢等到达台湾后，一面与日军交涉，一面积极备战。日军由于不服台湾水土，士兵病死较多。日本政府考虑到不能立即军事占领台湾，于是转而用外交手段解决问题。经过一番外交斗争后，清政府与日本政府于10月31日签订《中日北京专条》，清政府付给“日本国从前被害难民之家”抚恤银10万两和日军在台“修道建房等”40万两。12月20日，日军从台湾全部撤走。

1874年日本侵台事件引发朝野震动，就像是一颗原子弹爆炸一样震撼。因为在这之前，中国是瞧不起日本的，认为日本又穷又小。现在突然间买了几艘军舰，就敢来欺负我们了。所以，对于清政府洋务派震撼更大。1875年清廷下令由两江总督兼南洋大臣沈葆桢和直隶总督兼北洋大臣李鸿章分任南、北洋大臣，从速建设南、北洋水师。中国近代新式海军的创建由此发端。

为了建造一支强大的北洋水师，加强海防建设，1880年北洋大臣李鸿章从德国订购了巨型铁甲舰“定远”号、“镇远”号。

北洋水师的军港基地和船坞应该建在哪里？由于建港所需费用庞大，沿海港湾众多，选在哪里建港，清廷的官员众说纷纭，莫衷一是。福建巡抚丁日昌主张在辽宁大连湾与浙江温州任选其一；福州船政大臣黎兆棠则主张借用广东现成的黄埔船坞；曾经出使德国的大臣李凤苞认为应把基地建在烟台大凌湾；而李鸿章最初关注的海军基地是大连湾。1879年10月，李鸿章选派清廷英国顾问葛雷森及哥嘉等人前往大连湾勘察测量。但测量者发现，大连湾航道口门过宽，需要大批水陆军队才能保障安全。以当时北洋的兵力而论，一时难以办到。于是，李鸿章把目光投向旅顺口。

其实，旅顺口的战略价值，早在清初时期学者姜宸英便曾于其《海防总论》中有所论及。道咸年间，魏源、郭嵩焘也对其地甚加重视，并慨叹当局者之不知注意，“旅顺口渤海数千里门户，中间通舟仅及数十里。两舨扼之可以断其出入之路。泰西人构患天津必先守旅顺口，此中形势之险要，泰西人知之，中国人顾反而不知，抑又何也！”[1]

光绪初年，江苏学者华世芳于其“论沿海形势”一文中，甚至称登（州）旅（顺）为中国海防中“天造地设之门户”，其间海面不及二百里，可以避风，可以汲水，南北联络稳便，“中国之形势，实无有逾于此者。”[2]

旅顺口，位于东经 121 度 15 分，北纬 38 度 48 分的辽东半岛最南端。晋代称马石津（金毓黻考证，马石津实误，应为“乌石津”）；唐代称都里镇，都里海口；元代称狮子口。明初，明军与元残军激战辽东。洪武四年（1371），朱元璋派都指挥使马云、叶旺率舟师从登莱直抵狮子口登陆，10 万大军一路顺风顺水，平安到达，因而得名。由于旅顺口负山面海，形势险要，明初曾经在此设南、北二城以防海。到清朝初年，这里还配置了水师营。

由于温度适宜，常年不冻，是一个天然的良港。港口口门开向东南，东侧是雄伟的黄金山，西侧是老虎尾半岛，西南是巍峨的老铁山，从周围环守旅顺港，形势险要。每次只能通过一艘大型军舰，可谓是“一夫当关，万夫莫开”。

光绪八年（1882）十月赴旅顺口总办北洋旅顺营务处的袁保龄，曾于六月奉命遍历北洋各口实地勘查。归言大沽、大连、烟台、登州、威海卫诸口皆有缺点，惟有旅顺最优，“通计北洋形势，铁舰不能进大沽口，大沽

---

[1] 《小方壶斋舆地丛钞》第九帙，第 19 页；《书〈海国图志〉后》，《养知书屋》第 7 卷，第 17 页。

[2] 华世芳：《海防形势论》，《小方壶斋舆地丛钞》第九帙，第 19 页。

1879年10月，李鸿章选派清廷英国顾问葛雷森及哥嘉等人前往大连湾勘察测量。但测量者发现，大连湾航道口门过宽，需要大批水陆军队才能保障安全。以当时北洋的兵力而论，一时难以办到。于是，李鸿章把目光投向旅顺口。

是天津奇险，亦非必巨舰驻守；大连湾口门太阔，是水战操场，未易言守；庙岛两面受敌；登州舰不能进口；烟台一片平坦，形势最劣；芝罘岛、威海卫各足自守而无藏铁舰，驻大铁舰、驻大枝水师之地。……环观无以易旅顺者。”[1]

光绪九年（1883）袁保龄致书友人谓：“去年孟冬，始来旅顺，周览形胜，实为渤海第一要隘。若经营有成，得精强水军巨舰屯泊于此，西策津

[1]《阁学公书札》卷一，第26~27页。

沽，北顾辽沈，可令环海群邦不敢以片帆相窥。"[1]光绪十年（1884）议海防，袁保龄再次对旅顺之宜于建港详加言说："谓七省海疆，延袤数千里，约而论之，扼要者不过十余处。崇明，弹丸之地，南澳则三面受敌，均非驻船胜地；台湾周岸巨浪山涌，且当风之卫，不利于泊船。其他澎湖、定海、琼州各处亦各其缺点。烟台、登州、营口、大连湾亦不利于守而仅利于战，惟有旅顺一口则不然。""论者谓西国水师建阃择地，其要有六：水深不冻，往来无阻，一也；山列屏峰，可避飓风，二也；路连腹地，易运糗粮，三也；近山多石，可修船坞，四也；口滨大洋，便于操练，五也；地出海中，以扼要害，六也。合此六者，海北则旅顺口，海南则威海耳。两地相去海程二百数十里，扼渤海之冲，而联水陆之气，此固天所以限南北也。若攀数百万之费经营两口、筑堤浚澳、建船坞、营炮台、设武库，数年以后，规模大备。"[2]

光绪十二年（1886），李鸿章在致总署函中全面阐述了他在旅顺口建港坞的思想："惟旅顺浚澳之工，前因法事吃紧专顾防务，以致澳工尚未告竣。现在西澳已浚之处可以泊多船，尚嫌进出路窄，转掉不能宽绰。东澳本是浅滩，现正集夫开浚船池，约周三里，深二丈五尺，将来可停铁舰快船多艘，因连澳之船坞甫经兴工，不便开坝放水，故铁舰尚不能驶入澳内，此外人谣称水浅所由来也。查西国水师章程，兵船虽多，大半终年藏泊船池之内，随时更调出洋，以节饷力。北洋兵船本少，亟宜更番操巡，以练胆技而壮声威，不敢停歇致惰士气。此又彼此情势不同，而外人未识其所以行而不泊之故也。至旅顺口系奉天南界大岛，南向有口如门，久经淤浅，近年用导海机器船挖淤浚深，止此一口可进轮舟，其东、南、西三面环海，群山矗立，南距登州只二百里，西距大沽五百余里，实为渤海之门户，北洋之首冲。敌若据之，直、奉两省皆不能安枕。鸿章综览北洋海岸

[1]《阁学公书札》卷二，第 12 页。

[2]《阁学公集·文稿拾遗》，第 29~39 页。

水师扼要之所，惟旅顺口、威海卫两处进可以战退可以守，而威海卫工巨费烦，故先经营旅顺，以为战舰收宿重地，兼以屏蔽奉省，控制大沽。年来腾挪饷力，在旅顺口择要筑大炮台七座，并调四川提督宋庆毅军八营及提督黄仕林、吴兆有、王永胜等八营驻守，非徒保护船坞，亦因要害所在，须预为不可拔之计也。《申报》所言东西两面皆有可进之路，后面海道横亘三十余里，不能处处严防，前者英兵侵逼，即由东边而入等语。查旅顺后面陆路直达金州，别无海道横亘。咸丰十年，敌船来攻大沽，以大连湾为退泊之所。大连湾在旅顺之东、金州之南，所谓英兵曾由东边而入即指此事，然其时英船并未由大连湾进入旅顺也。上年，鸿章曾虑及此，故调庆

光绪十二年（1886），李鸿章在致总署函中全面阐述了他在旅顺口建港坞的思想——西国水师泊船建坞之地，其要有六：水深不冻，往来无间，一也；山列屏障，以避飓风，二也；路连腹地，便运糗粮，三也；土无厚淤，可浚坞澳，四也；口接大洋，以勤操作，五也；地出海中，控制要害，六也。北洋海滨欲觅如此地势，甚不易得。胶州澳形势甚阔，但僻在山东之南，嫌其太远；大连湾口门过宽，难于布置。惟威海卫、旅顺口两处较宜，与以上六层相合；而为保守畿疆计，尤宜先从旅顺下手。

军三营驻守金州，现仍饬毅军拨营分防。旅顺口三面临海，自然三面当敌。南口炮台林立，布置已严。东西两面山路较长，然岸上有险可扼，岸下亦有浅滩多处，私度敌船少来则不敢近岸，敌船若多，环伺而攻，非掉小舟不能登岸，我有得力游击之师伏岸狙击，彼亦未易得手。旅顺能固守不失，彼必不敢宿师船于大沽口外与我久持，即大连湾亦不敢随意停泊。盖咽喉要地，势在必争。所谓我得之为利，敌得之为害，而不敢以其难守遂置而不图也。至铁舰收泊之区，必须有大石坞预备修理，西报所讥有鸟无笼即是有船无坞之说，故修坞为至急至要之事。察度北洋形势，就现在财力布置，自以在旅顺建坞为宜。西国水师泊船建坞之地，其要有六：水深不冻，往来无间，一也；山列屏障，以避飓风，二也；路连腹地，便运糗粮，三也；土无厚淤，可浚坞澳，四也；口接大洋，以勤操作，五也；地出海中，控制要害，六也。北洋海滨欲觅如此地势，甚不易得。胶州澳形势甚阔，但僻在山东之南，嫌其太远；大连湾口门过宽，难于布置。惟威海卫、旅顺口两处较宜，与以上六层相合；而为保守畿疆计，尤宜先从旅顺下手。"[1]

旅顺口港坞建设自光绪七年（1881）开始修建，到光绪十六年（1890）年9月完工，历经了10年。大体可分为三个阶段：

第一阶段，即光绪八年（1882）工程开工至光绪十年（1884）初工程停工，为中国自行施工阶段。早在光绪七年（1881）10月，当李鸿章决定要在旅顺口建立北洋海军基地不久，就在旅顺口成立了海防营务处工程局，任命北洋营务处道员黄瑞兰为海防营务处总办。但由于黄瑞兰为人"贪鄙无能，不懂工程，任人唯亲，挥霍浪费"，"又不能与洋员合作"[2]，所以黄瑞兰到任后，整个工程进行得很慢，难以按期完成任务。在这种情况下，李鸿章不得不将黄瑞兰调回天津，另派袁保龄到旅顺主持整个工程。

---

[1] 《论旅顺布置》，《李鸿章全集》第34卷，安徽教育出版社，2008年，第10~11页。

[2] 曲传林：《袁保龄与旅顺海防建设》，中国人民政治协商会议辽宁省大连市委员会文史资料委员会编《大连文史资料》第4辑，《甲午战争在大连专辑》，第1页。

袁保龄（1841~1889），河南项城人。字子久，又字陆龛。漕运总督袁甲三次子，袁世凯从叔父，举人出身。同治五年（1866）官内阁中书。同治十一年（1872）为皇家校勘书籍，曾参与纂修《穆宗毅皇帝实录》。后以主要精力从事海防建设。当光绪初年李鸿章受命督办北洋海防事宜时，袁保龄向李鸿章提出“重事权”、“定经制”、“建军府”、“简船械”、“筹用费”、“广储人才”等6项建议，深得李鸿章赏识。光绪七年（1881），李鸿章调任他为“办理北洋海防营务诸差”。光绪八年（1882）6月，李鸿章又派他到北洋各海口就建设海军基地一事进行考察。同年9月，李鸿章派袁保龄接替黄瑞兰主持旅顺海防营务处工程局，任总办。袁到旅顺后，深感责任重大，为了能进一步搞好海防建设，又请求李鸿章派道员刘含芳协办。

左：袁保龄（1841~1889），河南项城人。字子久，又字陆龛。漕运总督袁甲三次子，袁世凯从叔父，举人出身，曾参与纂修《穆宗毅皇帝实录》，以后主要从事海防建设。

右：袁保龄的寿山石印章，边款文字为“大清光绪三年袁子久刊石”；印面篆文为“要与人间治不平”。

刘含芳，安徽贵池人，字芗林。曾先后参与创设电气水雷学堂、编立水雷营等。光绪七年（1881），因袁保龄的请求，刘含芳被调至旅顺任海防营务处工程局会办，协助袁保龄负责旅顺口北洋海军基地的建设。

刘含芳，安徽贵池人，字芗林。太平天国运动时期曾跟随李鸿章镇压太平天国和捻军，积功至道员。同治九年（1870），李鸿章任直隶总督时，刘含芳在天津负责管理军械。曾先后参与创设电气水雷学堂、编立水雷营等。光绪七年（1881），因袁保龄的请求，刘含芳被调至旅顺任海防营务处工程局会办，协助袁保龄负责旅顺口北洋海军基地的建设。

由于袁保龄、刘含芳等人在任职期间敢于对人事、财务和工程等进行大胆改革，同时袁、刘二人又先后从山东、河北、天津、金州、复州、营口等地招收民工6000余人，并得到驻军宋庆部的帮助，先后调来驻军3000余人协助建设，整个工程的进度大大加快。到1883年末中法战争爆发前，不但旅顺口口门的航道已经开始挖掘，而且旅顺口内东港的挖掘及旅顺口的引河工程、炮台、住房、仓库等项工程也已展开。但开工不久，即爆发中法战争，清政府由于经费紧张，不得不“急炮台而缓船坞”，下令船坞暂停修建。这样旅顺口船坞的修建便不得不暂时停止。

第二阶段，即自光绪十一年（1885）初起至光绪十二年（1886）船坞土方基本完成时止，为清政府自行施工阶段。1885 年初中法战争结束后，清政府由于财政状况有所好转，于是建设旅顺船坞的工程又被提到议事日程上来。与此同时，袁保龄等人在负责整个工程建设中也深感技术人才的缺乏，决定聘用外国工程师协助建设。1885 年上半年，李鸿章经天津海关税务司德国人德璀琳推荐，聘请德国工程师善威，协助袁保龄等人负责整个工程的建设。

善威为人“才具太短，极琐细事亦复不了。”[1] 所以善威到任后，不但未能解决工程中出现的许多问题，反而为工程建设增添了许多麻烦。例如船坞建设本应用石头，但善威却主张用砖；船坞泊岸闸坝等费用，经袁保龄等人切实计算后认为只需用银 120 万两，他却主张使用 130 万两；李鸿章认为建坞时间不超过 3 年，他却感到 3 年难以完成。于是在这种情况下，李鸿章就不得不辞掉善威，另聘能人了。光绪十二年（1886），善威被辞掉。

第三阶段，即自光绪十二年（1886）11 月起至光绪十六年（1890）9 月大坝完工止，为法国人承包大坞工程的施工阶段。光绪十二年（1886），李鸿章在国外订购的各种军舰已先后完工，陆续驶回国内，光绪六年（1880）前接回国的多为小型炮舰，如龙骧、虎威、飞霆、策电等。而光绪六年（1880）后，特别是光绪十二年（1886）后接回国内的大都为大、中型炮舰，如定远、镇远、来远、致远、靖远、济远等。这些军舰吃水较深，急需军港。在这种情况下，李鸿章为了加快工程进度，决定将船坞建设包给外国人承建。为此他特派袁保龄专程赶往天津，请周馥出面，召集德国、英国、法国等国资本家，经过近 1 个多月的酝酿，袁保龄、周馥拟将工程承包给法国人德威尼。为此，李鸿章还特地与德威尼“讨论多次”，感到德威尼“所开做法条理周详，价值亦较合适，且有法国银行作保”，决定将工程承包给法国人德威尼。光绪十二年（1886）11 月 7 日，周馥和德威尼分

[1] 袁保龄：《上李傅相书》，《阁学公书札录遗》，第 17 页。

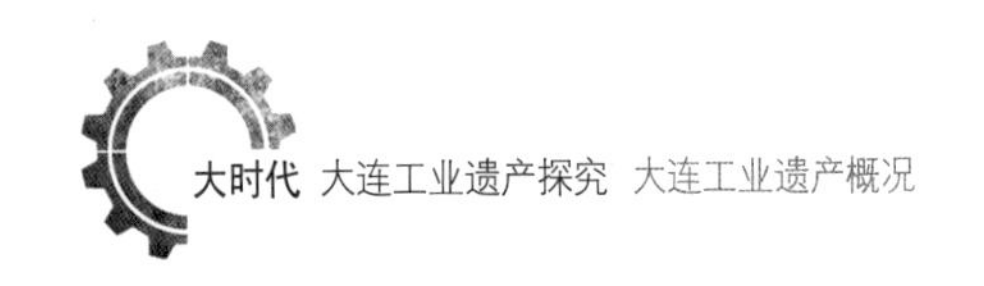


别代表各自一方在天津签订《中法旅工合同》。合同规定：德威尼承包工程“有法国银行作保（即上海法兰西银行）”，承包工程“计大石坞一座，凡修理铁甲各船一应机器俱全，连做工各厂、储料各库、办公住人各屋，并周澳三里余之靠船大石泊岸以及铁道、起重码头、电灯、自来水等工一切在内，订明承揽包办实需银一百二十五万两，自揽定之日起，按西历三十个月完工验收后，一年内仍由德威尼与该银行照料办理，此后再保固十年，倘有损坏，由于工程不精者，皆责成该银行赔偿。”[1]

旅顺大坞修建前原估银 125 万两，由于后来又续添拦潮石坝等工程，故又添银 143500 两，前后实际共用银 1393500 两。其中坞澳石泊岸等工用银 115 万两，拦潮石坝、自来水管道、铁栅、涵洞、小石船坞等工程用银 200850 两，添购机器等项共用银 42650 两。

船坞，就是指在岸边以人工建设，作为造船或修船的地方。军舰没有船坞，就好比飞鸟没有巢穴。且不说军舰处在水下部位的推进器检修、底部渗漏等必须上坞进行，就是定期清理船体附着物，打船底防污漆，也是舰体不可或缺的装备保养项目，因为这直接与舰艇战斗力相关。而此时此刻，清王朝广阔的海岸线上，真正意义上的船坞却少得可怜，同治之际，清廷仅在福州、上海、广州计有船坞三所。

福州船坞原为泥坞，属于福州船厂，为同治六年（1867）所修。计地周围 450 丈有奇，其中设有船槽一座，以铁杉木为梁柱，用机器旋转，将船挽而登陆，以便勘底修理。惟其槽身仅可任重 1500 吨左右，以之修理 150 马力之船尚可，稍重即非所宜。

上海船坞，亦为泥坞，原属于江南制造局，后名江南船坞，同治六年（1867）复修。长约 325 英尺，主要为修理江南制造局所造木壳兵船之用，根本不能用于修理铁甲兵轮。

广州原有泥坞一所，可修小型巡船，光绪二年（1876）地方当局又向

[1]《旅顺兴办船坞片》，顾廷龙、戴逸主编《李鸿章全集》第 12 卷，安徽教育出版社，2008 年，第 557~558 页。

英人购得黄埔石坞一所，其中分为内、外两区，内区长272英尺，宽66英尺、深20英尺；外区长363英尺，宽72英尺，深21英尺。分之可为二坞，合之仍为一坞，容量8500吨，可修5000吨之船。惟当购买之时，曾经规定25年之后方准修造舰艇，须至光绪二十六年（1900）始为限满，且距北洋过远，亦无法使用。

南洋虽有船坞三处，可是北洋船坞却无一所。直至光绪六年（1880）正月，李鸿章始以“北洋海防兵轮日增，每有损坏须赴闽沪各厂修理，途程遥远，往返需时，设遇有事之秋，尤难克期猝办，实恐贻误军需”为由，奏准于大沽海口选购民地，建造船坞一所，此即为大沽木坞。该坞位于大沽口海神庙的东北，面积长320尺，宽92尺、深20尺。另海神庙西北尚有西坞一所，迄西还有乙丙丁三坞。三坞面积较诸东坞略小，计乙坞长305尺、宽80尺，深17尺；丙坞长300尺，宽83尺，深16尺；丁坞长300尺、宽83尺，深14尺。此外，尚有土坞数所，以备舰艇避冻之用。该坞工程凡鸠工庀材皆由天津海关税务司德人德璀琳主持，监工者亦由该关中熟悉工程之人员兼任。自光绪六年（1880）正月开工至同年十月工竣。其后迭次修整，历时将及两载，耗银总计40余万两。不仅历修“操江”、“镇北”各轮，而且坞基坚固，屡经海潮震撼，均可力保无虞。较诸南洋三无实为有过之而无不及。不过，该坞面积较狭，深度不够，以之容纳小型的炮艇尚可，以之停修铁甲战舰仍感难以为力。

关于修建大型船坞一事，李鸿章早在数年之前即曾为之悬虑不置，光绪三年（1877）八月十五日，于复船政大臣吴赞诚书中，便以无容纳铁甲之坞及无驾驶铁甲之人为言：“铁甲船为海防不可少之物，……无论船样稍旧，价值非廉，现无修船之坞与带船之人，何能贸然定购？”

同年十月二十一日，在其复两江总督兼南洋大臣沈葆桢一函中，又曾言及铁甲船与船坞之事，谓“铁甲船本应订购，……该船不能进口，必先为敌所获，转贻笑于天下。……至尊意缩其尺寸，以就闽沪之坞。铁甲至小者吃水必一丈七尺以上，沪坞固不能进，闽坞亦未能容，另辟船坞则须巨款。如购一船，创建一坞，既无指项，亦觉不值。”

其后，他于光绪四年至六年之间先后与吴赞诚（福建船政大臣）、李凤苞（出使德国大臣）、黎兆棠（继任福建船政大臣），郑藻如（上海制造局道员）等讨论购买铁甲及修建船坞之时，均曾试探扩大闽沪船坞或购买福建天裕洋船坞及广东黄埔洋船坞的可能性。然而一以南洋大臣沈葆桢去世后，继任者对于海军并无多大兴趣，对于船坞的修建更不积极的支持。二

旅顺大坞。位于旅顺东港北岸，长 137.6 米，宽 41.3 米，深 12.66 米，被称为“东方第一大坞”。船坞有近代中国最早使用现代化水电设施的修船工厂，北洋海军军舰可入坞维修。

以日本兼并琉球及俄国侵占伊犁的刺激，北洋防务日益吃紧，铁甲船既属北洋所购，则船坞自以位于北方为宜。因此，遂不得不将其目标转移于北洋各口。

经过多次勘测、论证、考察和多方比较，李鸿章最终选择旅顺口作为北洋水师的军事基地，开始了筑港建坞工程。由此，一系列军事工程和修造大型船坞的工程项目就此上马。人们兴奋地期待着中国北方会出现一座大型船坞。大连近代工业的序幕也徐徐拉开。

旅顺船坞工程从光绪七年（1881）开始，到光绪十六年（1890）年 9 月 11 日竣工，历时 10 年。光绪十六年（1890）九月，旅顺船坞及船澳厂库各工告竣，李鸿章遴派北洋水师提督丁汝昌、直隶按察使周馥、津海关道刘汝翼等前往逐细认真验收。

一、大石坞，长四十一丈三尺，宽十二丈四尺，深三丈七尺九寸八分，石阶、铁梯、滑道俱全，坞口以铁船横拦为门，全坞石工俱用山东大块方石，垩以西洋塞门德土，凝结无缝，平整坚实，堪为油修铁甲战舰之用。

二、坞外停舰大石澳，东南北三面，其长四百一十六丈八寸，西面拦潮大石坝长九十三丈四尺，形如方池，渟浤荡漾。潮水落尽，水深尚有二丈四尺，西北留一口门，以便兵船出入。四周全砌宽大石岸，由岸面平地量至澳底，深三丈八尺二寸，周外泊船毫无风浪摇动。凡船入坞油底之后，即可出坞靠岸镶配修整，做工极为便利。

三、坞边修船各厂九座，占地四万八千五百方尺，计有锅炉厂、机器厂、吸水锅炉厂、吸水机器厂、木作厂、铜匠厂、铸铁厂、打铁厂、电灯厂。澳之南岸尚建大库四座，坞东建大库一座，每座均占地四千八百七十八方尺，备储船械杂料，以上厂库各工概用铁梁、铁瓦，以避风雨而防火烛，高宽坚固，较瓦房更为合用。

四、澳坞之四周联以铁道九百七丈，间段设大小起重铁架五座，专起

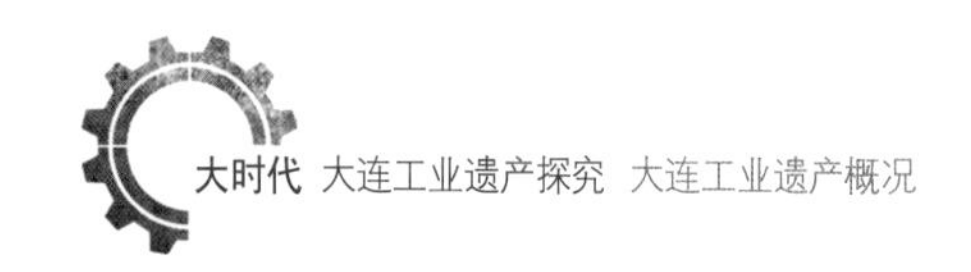


重大物件，以济人力所不及。

五、澳坞与各厂库码头等处置大小电灯四十六座，以便趱工夜做之用。

六、虑近海咸水不便食用也，远引山泉十余里，束以铁管埋入地中，穿溪越陇屈曲而达于澳坞之四旁，使水陆将士、机厂工匠便于朝夕取用，不致因饮水不洁，易生疫病。

七、临海远滩之不便起卸也，建丁字式大铁码头一座，使往来兵舰上煤运械不致停滞，遇事赴机迅速。

其余如修小轮船之小石坞，藏舢板板铁栅、系船浮标铁椿，以及各厂内一应修船机器，均一一设置完备。[1]

旅顺港坞的修建，在科学先进的西方国家来看，或许不免以为微不足

[1]《验收旅顺各要工折》，顾廷龙、戴逸主编《李鸿章全集》第 13 卷，安徽教育出版社，2008 年，第 513~514 页。

道，但对清王朝而言，以当时科学技术的落后，敢于开工建设，除了情势所迫，更需要勇气和智慧。旅顺船坞，这座19世纪堪称奇迹的工业遗迹，是大连地区最早的、最有影响力的民族工业遗产。它的建成标志着大连工业的诞生。这座老船坞虽然历尽战乱，但迄今仍坚固耐用，还在为大连造船业继续做着贡献。它是中国工业文明发展的“见证者”。

旅顺船坞工厂。甲午战争前，旅顺近代工业军事、工业重镇正在逐渐形成。坞边建有锅炉厂、机器厂等9座工厂，坞南建有4座大仓库，坞东建有1座大仓库，储备船械杂料。以上工厂、仓库全部用铁梁、铁瓦建成，以防避风雨和防火，高大坚固，比瓦房更适用。

李鸿章是旅顺港坞建设的实际决策者和组织者。自鸦片战争英国用坚船利炮轰开封建落后中国的大门以后，中国万里海疆就暴露在西方列强的面前，成了国防第一线。《南京条约》的签订使中国领海主权开始丧失，一些有识之士，如林则徐、魏源等人提出了加强海防建设的思想，但并未引起朝廷的足够重视。1874年日本侵台事件发生后，朝野震动，有识之士群起策划海防之策。李鸿章在这一时期发表了大量的言论，形成了一套比较系统的海防思想，成为当时最大的海防论者。在李鸿章的海防思想中，除了建立一支强大的舰队外，还要有巩固的海防基地。

旅顺口海防建设体现了李鸿章的海防思想。从光绪元年（1875）四月二十六日，清廷决定由李鸿章督办北洋海防事宜开始，到光绪十六年（1890）旅顺船坞验收，李鸿章是倾注了大量的心血。可以说，旅顺近代工

业的出现与李鸿章是密不可分的。

在旅顺海防，特别是船坞修建过程中，袁保龄功不可没。他临危受命，出任旅顺港坞工程总办。他所面对的是一个进展迟滞的烂摊子，也正是工程最艰难的时刻。袁保龄大刀阔斧进行改革，裁撤虚职冗员，任用有真才实学之人，气象为之一新。他首先把精力集中到对倒塌的大坝的修复上，不顾冰雪严寒亲临现场，监督民工和聘请的西方专家夜以继日加班加点抢修，历时40个昼夜终于修复、加固了拦海大坝；他与外国承包商善威用砖砌坞的主张据理力争，认为“砖必不如石坚”，用砖砌坞，经不住海水的冲击，时间过长，会导致后患，所以必须使用石料砌坞。双方各不相让，僵持了整整4个月。最终，还是袁保龄说服了善威，采用山东出产的石料砌筑船坞。船坞的设计尺度是以维修从德国订购的长98米、排水量为

1890年建成的旅顺东港，港内停泊着北洋水师舰船。

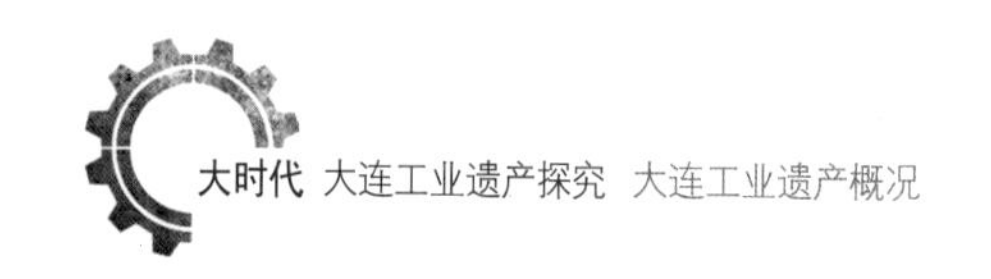


7300吨的铁甲舰“定远”、“镇远”舰为主要依据。所以，船坞的设计长度为132.7米，上宽23.9米，下宽21.96米，深12米，南侧设坞闸以控制进坞海水。整个船坞形状呈船形，坞内石阶、铁梯、滑道设计一应俱全。如今，旅顺船坞依旧可以造船、修船，历史证明袁保龄的抉择是正确的，也为人们留下了珍贵的工业文化遗产。

袁保龄在他5年执掌旅顺坞港工程中，仅费工银20余万两。任内他主持正义，公平合理地处理前工程局与土地业主在用地上的争议，如数退还前任拖欠百姓的货款。此外，他在当地广种桑树，教民养蚕和纺织，兴办学堂，促进了旅顺的经济发展和民众开化。光绪十五年（1889）七月，袁保龄因操劳过度，病逝于旅顺基地。李鸿章在“为袁保龄请恤片”中称“旅顺口工程防务，该员出力为多，其功实未可泯”。[1]

在旅顺船坞修建中，中国工程师陆昭爱是不能忘记的。光绪十年（1884）七月，广东籍留洋德国的工程师陆昭爱学成回国，当他听说北洋水师正在建设自己的军港时，便一刻都没耽搁地直抵旅顺，主动要求承担这项任务。他对大型起重机器船的构造和组装“所言具有本末，条理秩如”，得到旅顺工程局总办袁保龄等官员的支持和信任，成为这项工程的实际指挥者。他独立地设计出船体合龙和锅炉、机器装配工艺，画出图纸。同时顶着洋人帮办的干扰阻挠和清政府官僚的冷眼旁观，四处筹集材料，督匠加工，现场指导，“独任其难，昼夜未尝离厂一步”达数日之久。光绪十一年（1885），当工程进展过半时，陆昭爱却因操劳过度而病倒，于二月十八日病故于旅顺。袁保龄慨叹：“工未成而身殒”，“既悲其遇，尤惜其才”。光绪十一年（1885）7月，按照陆昭爱的设计方案终于将大型汽力机器起重船装配成功，大大加快了旅顺港坞、工厂的建设速度。德员汉纳根感叹说：“该船造成，归功该故匠首，良非虚誉所有”。袁保龄在《阁学公集》中称：“查起重机器铁船以汽力能起60吨之重物在中华本属创见”。陆昭爱



[1] 《为袁保龄请恤片》，顾廷龙、戴逸主编《李鸿章全集》第13卷，安徽教育出版社，2008年，第150~151页。

旅顺船坞工厂是东北地区用电最早的地方。为了监视海潮、拦海大坝和渗漏情况和夜晚抢修大坝，工程局从外国购进发电机和蒸汽锅炉，在黄金山坡设置了临时电线杆和电灯。1885年4月5日，汉纳根督同电灯洋教习组织安装了发电机，“升火试机”，电灯随之发亮，周围民夫从未看过电灯，都纷纷驻足观看。这是辽南地区第一次亮起电灯。

为夜间厂区照明，旅顺船坞工厂在港、坞及各厂库、码头等设置“大小电光灯四十九具，包定银一万二千两”，以便日赶夜做之用，这在我国北方是绝无仅有的。但为节省经费，减去了船坞、厂库院内、东港等处的电灯设置。电灯架是用角钢铆接的，下方形大，上方形小。部分电灯架一直保留到20世纪60年代。

为这一创见呕心沥血，献出了宝贵生命。

在旅顺海防工程建设当中，像陆昭爱这样积劳成疾或因水土不服而染疾，病卒于岗位上的工程技术人员不下10人，还有数十名工人因伤亡事故而默默无闻地献身于岗位上，连姓名也未留下。他们为旅顺港坞、工厂和城市建设，做出了不可磨灭的贡献。

随着包括旅顺船坞在内的海防工程建设进行和人口的增加，以及驻旅顺口万余名海、陆军的到来，促进了地方工商业，特别是服务业的迅速发展，旅顺口出现了自来水、电报局、医院、茶楼、剧院、钱庄等设施，城市功能日臻完善，由一个小渔村迅速发展成为一座近代港口城市。

当年在旅顺船坞及锅炉厂、机器厂、吸水锅炉厂、吸水机器厂、木作厂、铜匠厂、铸铁厂、打铁厂、电灯厂的工人大多来自天津。甲午战争前的旅顺船坞工厂有工人约2000人，许多人住在马家屯（今郭家甸），当地称之为“小天津”。因这2000人都是熟练技术工人。随着包括旅顺船坞在内的海防工程建设进行和人口的增加，以及驻旅顺口万余名海、陆军的到来，促进了地方工商业，特别是服务业的迅速发展，旅顺口出现了自来水、电报局、医院、茶楼、剧院、钱庄等设施，城市功能日臻完善。旅顺口街区有东新街、中新街、西新街、城子东街、城子西街五条大街，并由菜市街等多条稍窄的街道与上述五条大街衔接，由一个小渔村迅速发展成为一座近代港口城市。

在旅顺船坞建成之前，整个东亚还没有如此规模的大型船坞。当时外国人称旅顺口为“东方的直布罗陀”，把它与英国皇家海军的直布罗陀要塞相媲美。所以可以看出它的一个重要地位。

旅顺船坞在当时被称为“中国坞澳之冠”，在东亚也堪称第一。这项工程历时之久、规模之大、工程之艰巨，是晚清以来绝无仅有的。旅顺军港也因此成为当时功能齐全、防务完整、规模宏大的世界五大军港之一。

船坞建成后，首先入坞修理的是1889年福建马尾船厂建成的“平远”舰。随后，北洋水师7300吨级的“定远”、“镇远”大型铁甲舰都入坞进行不同程度的修理。当时北洋水师拥有的大小舰船25艘，完全依靠旅顺船坞进行修理。

通常，船坞的三面接陆一面临水，其基本组成部分为坞口、坞室和坞首。坞口用于进出船舶，设有挡水坞门，船坞的排灌水设备通常建在坞口两侧的坞墩中；坞室用于放置船舶，在坞室的底板上设有支撑船舶的龙骨墩和边墩；坞首是与坞口相对的一端，其平面形状可以是矩形、半圆形和菱形，坞首的空间是坞室的一部分，在这里拆装螺旋桨和尾轴。坞的每一

黄海海战后，北洋水师主力舰——镇远舰驶进旅顺船坞修复。从舰体标示的白框上（抢修部分），可以看出当时海战的惨烈。

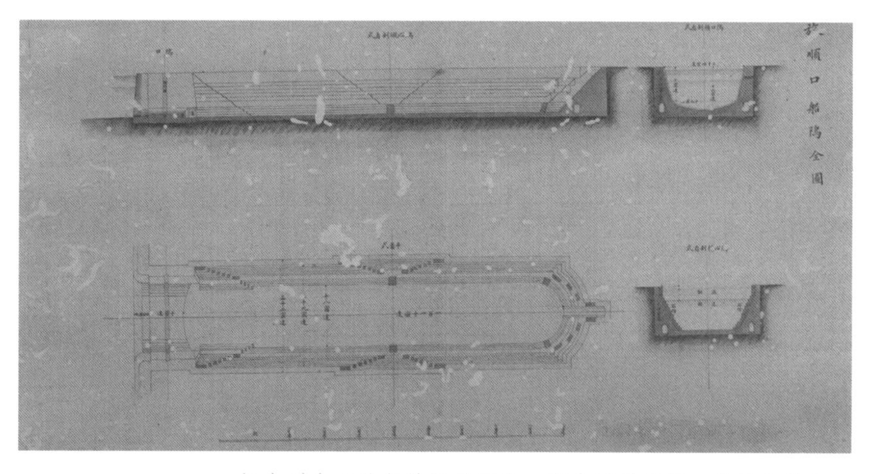


保存到今日的船坞设计图纸，仍在述说着那一段前尘往事。

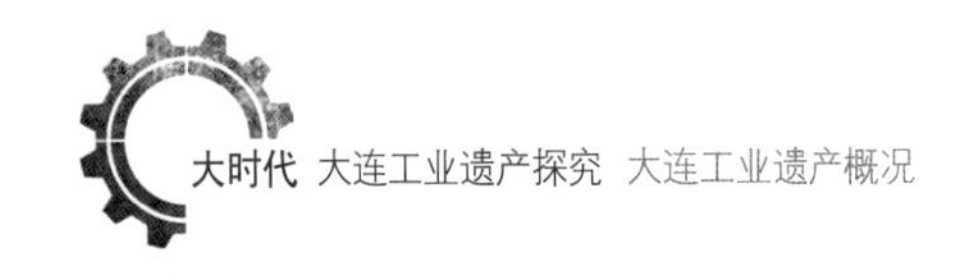


块花岗岩尺寸都有一定的标准，坞底铺花岗岩长短宽窄都是对称的，质量非常好。

一个标准的现代船坞还需配有各种动力管道及起重、除锈、油漆和牵船等附属设备。这个泵水站是大坞的抽水泵坞房，当时也是采用了英国进口的蒸汽往复机。锅炉房由蒸汽往复机带动这个抽水机来抽水，坞水放满后需要一个半到两个小时，抽水整个过程当中也就需要四到五个小时。

在船舶进入干船坞修理时，首先向坞内注充水，待坞内与坞外水位齐平时，打开坞门，利用牵引设备将船舶慢速迁入坞内。之后将坞内水体抽干，船舶坐落于龙骨墩上。修完或建完的船舶出坞时，再向坞内灌水，待坞门内外水位齐平时，打开坞门，牵船出坞。

上：仍在使用的旅顺船坞旧址

下：大连辽南船厂内清末所建厂房及其内部

这个被小心翼翼陈列在广场上的当年建坞的船闸，凝重、壮观，看到它，记忆的闸门便会轰然打开。

清末所建的抽水泵房，启用了英国进口的蒸汽往复机。将大坞的水放满需要1.5~2个小时，抽完水需要4~5个小时。

车间内保存的清末使用的老虎钳

眼前的这座小院，就是旅顺船坞局旧址。旧址位于旅顺口区得胜街道黄金社区港湾街47号，坐北朝南，为二排平房建筑群。有一道东西长71米、高3米的由石块、红砖和水泥砌筑的围墙，中部开一宽2米的门，拾阶而入便是一院落。前排2座，后排3座，均为长方形，形制大同小异，高约5米。墙体自下而上分别由褐色长方形花岗岩、方形石块、灰色砖及水泥砌筑而成，上覆油黑漆的铁皮屋顶，为起脊的硬山式建筑，墙体表面另加固砌筑突出的隔垛，成一特色。整个建筑间隔规整，错落有致，形成庭院式的中国风格。

左图：旅顺船坞自1890年建成后，便在此设旅顺船坞局，主要负责北洋水师舰船的机械维修和舰船配件制造。

右图：面对历史那些渐行渐远的背影，眼前的这座小院，既如此陌生，又如此熟识，如同老屋下一位饱经风霜又沉默无语的老者，岁月雕刻出他苍老坚毅的容颜，以其亲身经历的见证，无言地袒露出兴衰变幻之间所折射出的种种情愫，让我们感慨不已，这就是旅顺船坞局旧址。

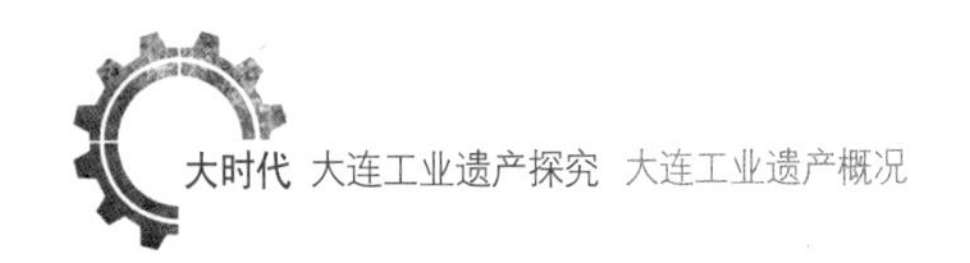


由于旅顺船坞是清政府的重点军事工程，袁保龄要每隔三五日便有报告呈送直隶总督李鸿章，为了方便津旅之间的联系，1884年4月24日李鸿章奏请朝廷架设自津沽北塘至旅顺之间的电报线路。1885年3月，中国东北地区的第一条电报线全线竣工。也是在这一年，清政府为与朝鲜国都汉城间的军事联络的需要，架设了自旅顺经凤凰城通往汉城的电报线。这是中国与邻国之间的第一条国际电报线路。旅顺口电报线的架设，标志着东北地区电信事业的建立。

1885年3月，中国东北地区的第一条电报线全线竣工，看到这张照片，我们仿佛依然可以听到东北地区第一批电信工人在这里收发电报、传递军情的滴嗒滴嗒声。

1885年设立的旅顺电报局旧址

旅顺电报局旧址局部

这座矗立在老铁山的灯塔是英国人修建的，而全套设备由法国制造。灯塔高 14.8 米，灯高 100 米，射程 25 海里，为当时世界四大灯塔之一。

当年，为了保障北洋舰船进出行旅顺港的安全，1892 年清朝海务科设置了老铁山灯塔。老铁山灯塔位于旅顺老铁山西南隅，三面环海，北为渤海、西和南为黄海，是世界著名的航海导航灯塔。

登上狭窄的楼梯，百年前的齿轮传动机构在电动机的带动下依然推动灯具旋转，更堪称世界一绝的是采用水银浮槽式旋转镜机，由 288 块水晶镶嵌而成的八面牛眼式透镜折射着光源，这个灯罩完全是由人工打磨的水晶制成的。我们很难相信，这个拥有 120 多年历史的灯具，现在竟然如此晶莹剔透，至今仍然为过往的船只导航。

1998 年 8 月，老铁山灯塔被国际航标协会评选为世界著名历史文物灯塔、世界百座著名灯塔之一；中国国务院公布为全国重点文物保护单位。2002 年 5 月 18 日，老铁山灯塔列入国家邮政局发行的《历史文物灯塔》邮票，成为国家名片。

这些海防建设遗留下来的这些宝贵的工业遗址，不再只是一种经济元素，而是如同血肉一样被视为现代化建设的动力之源，是中国工业文明发展的“见证者”。

旅顺船坞建成后的第 4 年，甲午海战爆发。这是一场令中国近代海军蒙羞的战争。最终，北洋水师全军覆没，旅顺口被攻陷。自然，那灯塔还在，那船坞还在。只是，那些战舰永远也不再回到船坞的怀抱。大连人精心地保留着船坞和灯塔。而且，船坞和灯塔依旧在正常使用。它们的质量在今天看来也是坚固如初。

位于旅顺口南端的老铁山灯塔，三面环海，灯塔前沿南北方向的海面恰好是黄海和渤海的分界线。入夜，灯塔旋转着两条交错的光柱，划破海面，为南来北往的船只指引着航向。

为了保障北洋舰船进出旅顺港的安全，1892 年清朝海务科设置了老铁山灯塔。灯塔由英国人修建，全套设备由法国制造，装备有大型光学透镜，灯光射程 25 海里，为当时世界四大灯塔之一。1977 年增设了全球卫星高精度定位系统。

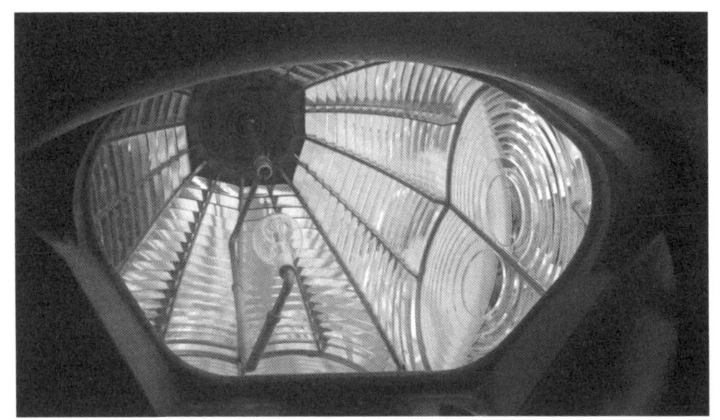

右上：老铁山灯塔同期建设的石房

右下：由288块水晶镶嵌而成的八面牛眼式透镜折射着光源，这个灯罩完全是由人工打磨的水晶制成的。我们很难相信，这个拥有一百二十多年历史的灯具，现在竟然如此晶莹剔透。

左：百年前的齿轮传动机构，如今依旧在电动机的带动下，推动灯具旋转。

## 大连海港——依港建市、以港兴市

1897 年岁末，俄国海军的战舰开进旅顺口和大连湾。次年春天，俄国通过《旅大租地条约》，将侵略的铁蹄踏在了这片土地上，那时的大连湾就再也不是清政府地图上的宁静渔村了。由于大连海港具有水深不冻的天然良港特质，被殖民者赋予了太多的野心和梦想。

1899 年 9 月 28 日，俄国选址青泥洼，开始动工兴建大连商港。大连商港建设方案由俄国著名港口工程建筑专家萨哈罗夫设计。萨哈罗夫，俄国圣彼得堡库莱夫斯基工科大学毕业，曾在俄东省铁路公司任建筑技师，俄国统治时期曾任达里尼港口建设事务所所长，达里尼市市长，是达里尼市港口和市街建筑的设计者。

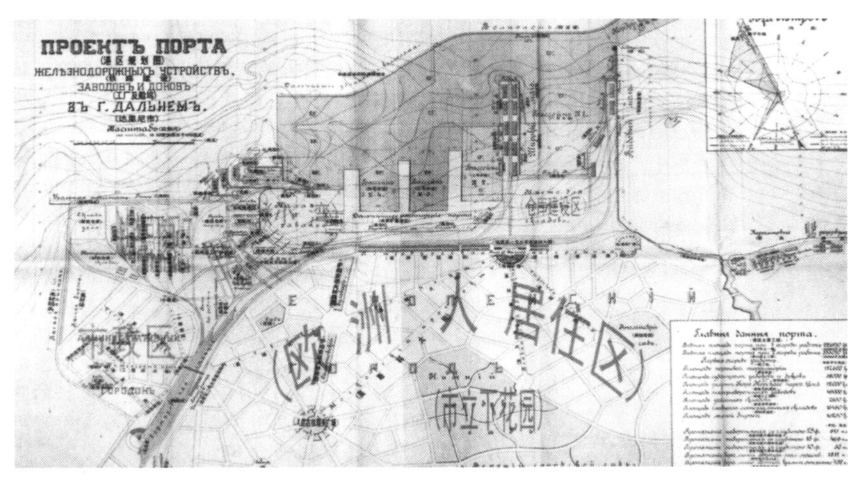

上：1901 年俄国规划的达里尼商港平面图

下：1901 年建设中的达里尼港

1899年春，萨哈罗夫在海参崴拟就了大连港口的筑港计划。但由于此项计划是闭门造车，后来在实施过程中做了大幅度的修改。在经过详细地质勘测以及掠夺性征用建筑用地之后，沙皇尼古拉二世于1899年7月31日下达了关于建设自由港达里尼的敕令。为此，俄国在大连设立了建港事务所，并任命萨哈罗夫为所长及总工程师。萨哈罗夫奉命后率技术专家一行来到大连。

俄国统治时期的达里尼港

1899年9月28日，俄国政府通过了萨哈罗夫和盖尔贝茨制定的港口和城市设计方案。出自萨哈罗夫之手的港口规划图，让我们看到了大连商港的最初面貌：港区东侧，一座护岸连接防波堤由南至北向海中延伸再拐角西北；港区西侧，一座煤炭码头伸向海里，从东向西，4座突堤码头平行依次排列，其设计规模可同时停靠千吨级轮船100艘，年通过能力520万吨。

1904年，当俄国的“黄俄罗斯梦想”刚刚起步，日本经历了10年的

扩军备战，再次从俄国手中抢回了旅顺、大连，占领了这座年轻的城市。

日本占领大连后，在原俄国建设的基础上继续扩建大连港，1925年，大连码头已经可同时停靠2000吨级至万吨级船舶31艘，货物年通过能力约700万吨。日本殖民统治时期，它所掠夺的大量资财主要就是从这里运回日本。随着大连港轮船汽笛的长鸣和负重铁锚的躁动，东北丰富优质的资源如满溢的琼浆汩汩外流。

1922年的大连港全景

中国劳工筑港场面

码头仓库建筑工地

建设中的码头堤岸

建设中的大连港防波堤

01. 在大连港码头，从中国掠夺的物资等待运往日本。
02. 大连港大批待运往日本的豆饼
03. 1922 年大连港码头黄豆运输车
04. 1927 年大连港码头设备示意图
05. 20 世纪 30 年代大连港码头全景
06. 大连港待运往日本的豆粮
07. 满载掠夺货物的“热河丸”离开大连港驶往日本
08. 日本统治时期大连港码头仓库
09. 大连港待运往日本的木材

02

01

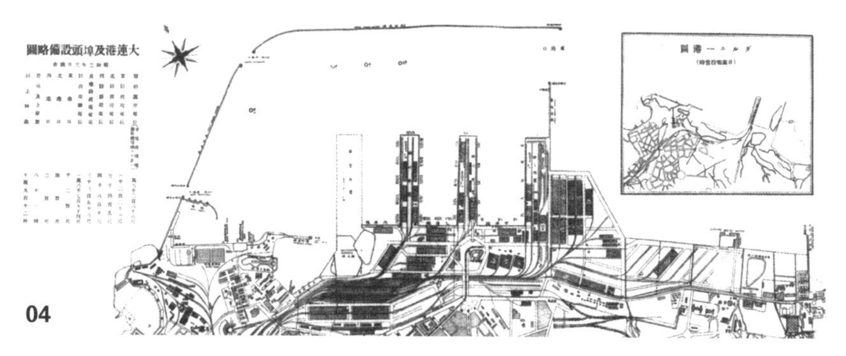

04

05

03

06

07

08

09

## 大连港集团办公楼

这是一座具有强烈美国鲁尼桑斯风格的建筑。1916年开工，1926年落成，建筑2万余平方米，楼高七层，顶层檐口多层装饰，凸凹有致；中层外墙欧式方砖镶嵌，古朴典雅。正门古罗马廊柱组成突出门庭，大气通透。

进入大楼的正门石阶而上，你脚下每一步都是在与一座百年建筑对话。当年铺就的彩色天然大理石台阶踏步，从一楼贯穿到七楼，花纹精美，色彩鲜艳，光滑如新。

1920年以前的埠头事务所

1936年的大连码头事务所

建于1916年具有美国鲁尼桑斯风格大连港办公楼

1944年的大连埠头事务所

## 大连港 15 库

1929 年建成，钢筋混凝土结构，为当时东亚建筑面积最大、机械化程度最高的单体港口仓库，号称“东亚第一库”。

岁月流逝，这里已经成为大连港口的工业遗产区。由于建筑结构坚固，内部空间高大宽敞，适于重新开发，再加上沿河濒海，易于打造吸引人的临水景观，有条件成为工业遗产保护的范例。

左上：大连港第二码头 22 库

左下：大连港第二码头 20 库

右上：大连港第一码头 15 库

右下：2008 年正在改造中的大连港 15 库

## 大连港候船厅旧址

大连港客运站于1922年7月26日动工兴建，时称船客待合所。1924年10月27日竣工投入使用。客运站为混凝土结构的二层建筑，占地面积5031.4平方米，下层为仓库，上层为候船厅，该厅建筑面积3768平方米，可容旅客千余人。候船厅南面为天桥走廊，长121.8米，宽10.9米，高5米。候船厅东侧筑有平台，宽5米，在平台和码头之间设置5座可移动的登船跨桥。候船厅内设置有售票处、办理电报处、货币兑换处，以及饭店、茶馆、理发店、游艺室、阅览室、小卖店、妇女候船室、贵宾室等。

经过短短20年的建设，大连港的基础设施达到国内一流水平。到1940年，已成为仓储、运输、存贮、金融辅助设施完善的国际大港，在中国当时所有港口跃居第二位。大连港码头其设备当时也很先进，《盛京时报》也曾评价道：大连港码头施设自大正十一年（1922）七月起工，以一月竣工，有埠头待合所（大连港客运站）之模范设备，雄大的机构，可称之为东亚一大商港。

1951年，大连港由中国政府正式接收。20世纪50到60年代，老港区进行了大规模改造和扩建，使大连港一度成为国内第二大港和外贸第一大港。

1910年大连港客运站

1924年建成的大连港客运站候船厅

大连港曾是中国东北辐射国内其他经济区域及世界各国的水上货运枢纽，每年承运东北85%的海运货物，并于2001年跨入亿吨大港行列。这是1985年繁忙运行的大连港客运站。

随着21世纪新港的建设并投入使用，现在大连港的功能日渐衰退，工商重埠昔日的熙攘繁华俱已消逝，旧时的热闹景象也已悄无声息。图为2013年即将完成使命的大连港客运站。

大连港客运站候船厅内部

## 大连港桥旧址

大连港桥于1923年开工，1924年建成通车，是大连建设最早、质量最好的栈桥，也是当年连接港口和大连市内的唯一通道。桥南连通城区道路，桥北直通码头前沿，是典型的港城地标性建筑。桥长367米，宽44米，钢筋混凝土和钢梁桥架结构，桥梁主体部位至今嵌有当时建设单位的标识。

1924年大连港港桥通车

至今仍在使用的大连港港桥

正在作业的甘井子煤码头

## 甘井子煤码头

东北煤炭是日本侵略者掠夺的重要物资，“把廉价的燃料供应日本内地”是“满铁”的根本任务之一。东北煤炭产量以抚顺矿为例，1908 年仅为 49 万吨，1925 年上升到 627.8 万吨。出口量以大连港为例，1908 年不足 2 万吨，至 1925 年增长到近 200 万吨。煤炭产量和出口量都呈大幅度增长，特别是出口量，1925 年与 1908 年相比，十几年间增长了一百多倍。

01
02
03
05

01. 1929 年 12 月开始建设的甘井子煤码头栈桥工事

02. 并排伫立的煤码头栈桥的钢筋

03. 完成基建的煤码头栈桥工事

04. 沉箱设置完成后，用载量 50 吨的吊车在沉箱上面浇灌混凝土。

05. 桥梁下的公共道桥钢筋混凝土主梁架设场景

06. 起重机正快速地推进高架桥的架设工作

07. 建成的三连框桥

08. 桥和轨道的组装

09. 1929 年 12 月开始组装的高架栈桥，图中第一分期的高架桥主梁已组装完成，正在组装高架栈桥的横梁。

10. 1931 年建成的第一发电所

11. 已经完工的煤码头栈桥

12. 1930 年 7 月 4 日大连汽船抚顺号开始装载煤炭

大连港的煤炭装卸，由于工人工资低廉，在1921年以前一直由人力来承担，装卸能力适应不了出口量的急剧增长，导致贮煤场地狭小，船泊亦告不足。为此，“满铁”当局开始考虑以机械设备来增加出口量的对策。1921年大连港购置了带式输送机、搬运车等煤炭装卸设备，1925年从荷兰购进了900吨级的自航装煤船“抚顺丸”，装船效率每小时25吨，提高了大连港煤炭出口能力，但仍未能从根本上解决问题，每天有20艘左右的装煤船在港外候泊，候泊时间7~10天，这严重影响了船舶周转。如此一来，建设一个大型的、机械化的煤炭出口专用码头就提到日程上来。

1923年6月23日，在“满铁”铁道部召开的大连港设备调查委员会第一次会议上，终于做出了“原则上出口煤炭在甘井子装卸，船舶燃料煤在大连码头内装卸”的决议。接着，在二至五次会议上，就甘井子煤炭装船设备审议了6种方案，其中第一方案为“高架式栈桥”。1926年1月调查会进一步审议了由“满铁”调查部编制的《关于甘井子煤炭装运设备各方案比较研究报告书》，同年3月23日，在第十四会议上做出“按照第一方案，立即动工修筑（甘井子）防波堤”的决议。

1926年9月1日，甘井子煤码头工程正式动工。1930年10月1日，经过4年建设，甘井子煤炭专用码头工程竣工，主要包括防波堤、栈桥、贮煤场等。这座当时东亚最大的煤炭专用码头以机械化作业而著称。码头前安设装煤机4台，每台进效率600吨；翻车机1台，每台时效率1000吨；连接贮煤场与码头之间的铁路线上配有电力运煤车6台，每台容量65吨；电力机车2台，每台可牵引30吨货车40辆；称量180吨车道衡2台。整个作业过程除少部分卸车外（卸车通过翻车机、运煤车实现机械化）全部实现机械化。

甘井子煤码头从1930年7月1日开始营业，至1931年3月31日的9个月中，到港船舶250艘，总吨位99万余吨，输出煤炭124.6万吨，日装船最高纪录为13688吨，可见能力之大，效率之高。甘井子煤码头的建成使用，使大连码头半数以上的运煤船移向甘井子，形成了甘井子煤码头年出口煤300万吨，大连码头年供应船舶燃料煤100万吨的布局。

1930年甘井子煤码头煤炭装运情况

码头事务所

海员俱乐部

上：现存的甘井子煤码头贮煤场和自重500吨的桥式抓煤机

下：现存的甘井子煤码头储煤机

钢梁高架式栈桥，1926年建造。桥长328.8米，上宽17.6米，下宽34米，栈桥两侧泊位水深9米，可同时靠泊7000~10000吨级船舶4艘，设计年通过能力300万吨，煤炭作业过程全部实现机械化，为世之罕见。虽历经90年风雨，依然坚固，挺立大连的海岸上，向人们诉说着它的传奇。

甘井子煤码头电力机车，是1930年日本川崎造船所电气部生产，与蒸汽机车相比，单车设备简单，操作和修理方便。

左图为1930年6月5日电车试运行时的情形；右图为现存的电车。

## 大船——中国造船的光荣和梦想

大连船舶重工集团有限公司，简称大船集团，前身是大连造船厂，是目前中国综合实力最强，最具有国际竞争力的大型企业集团。在发展过程中大船集团创造了中国造船工业七十多个“第一”，第一艘导弹驱逐舰、第一艘航空母舰等都诞生在这里。建国以来有四十五个型号八百多艘战舰从这里驶向深蓝，被誉为中国“海军舰艇的摇篮”。

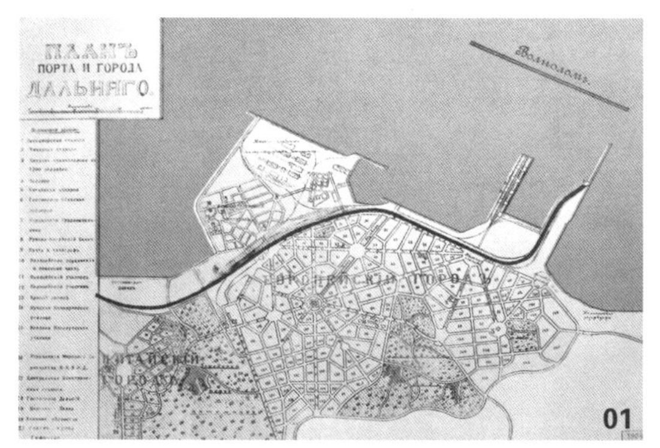

01. 1898 年俄国建厂规划图（俄国始建时期）

02. 1900 年俄国轮船修造厂开工建设情景

03. 俄国统治时期建设中的大连轮船修造厂钢架结构厂房

04. 1902 年大连轮船修造厂 3000 吨级船坞建成投产仪式

05. 1902 年俄国建设的中央发电所，现大连造船厂发电所

06. 1929 年大连滨町发电所，现大连造船厂发电所

大连造船厂前身时称“中东铁路公司轮船修理工场、造船场”，始建于1898年6月10日，是与近代大连城市同时诞生的机器制造厂家之一。1904年6月被日本侵占，后几易其名。1937年8月改称“大连船渠铁工株式会社”，从修船为主转向造船为主。

1902年建成的3000吨船坞（俄国始建时期）

日本统治时期轮船在大连川畸造船所（大连造船厂）船坞内维修

1945年大连光复后由苏联接管。1951年中国收回工厂主权，实行中苏合营。1955年起由中国独营，改称“大连造船公司”。1957改为“大连造船厂”。现在，昔日被称为“小坞”的修船厂，已建设成为国内领先、世界一流的大型现代化船舶制造企业。这里曾创下中国造船业60多个第一，这里每艘船下水时溅起的海浪都述说着中国造船发展史的辉煌与荣耀。

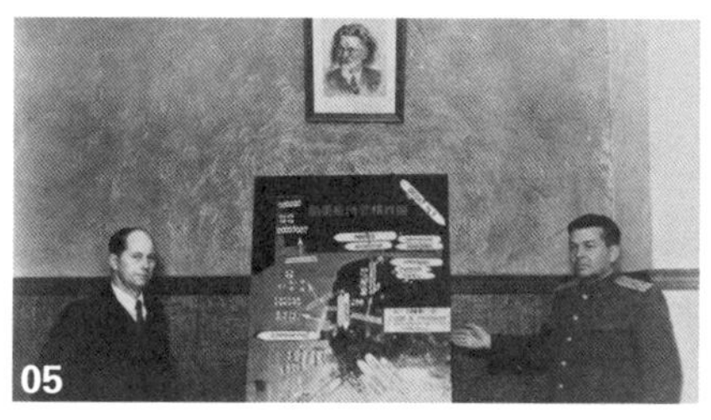

01. 大连造船公司机械车间工人在苏联专家指导下安装机床

02. 1947年大连造船公司普通电工在苏联专家指导下熟练操作自动电焊机

03. 1948年建造完毕等待运往苏联的平底驳船

04. 1948年批量建造的100吨电焊平底驳船下水

05. 右为1948年苏联接管时期的总厂长周尔托夫斯基

06. 1954年12月31日，中苏签署交接议定书（中方独营）

1949年，随着共和国诞生的隆隆礼炮，沿海、内河及远洋运输船舶成为百废待兴的新中国所急需。1955年国务院决定将工厂扩建为远洋船舶生产基地，并列入国家“一五”期间重点工程项目，大连造船厂第一次大规模建设拉开了序幕，广大员工以自力更生，艰苦奋斗的精神，掀起了第一次创业热潮。经过这次建设，大连造船厂实现由单一修船向造修并举的战略性转变，生产能力及技术水平在国内处于领先地位，从采用焊接工艺成功修复万吨级远洋货轮“契卡洛夫”号，到建造新中国第一艘4500吨级油轮、第一艘5000吨级货轮，所积累的经验为建造万吨船舶创造了有利条件。1958年11月27日，是中国造船业发展史上具有里程碑意义的日子，大连造船厂建造的中国第一艘万吨远洋货轮“跃进”号下水了，“跃进”号的船台建造周期仅为58天，比当时日本建造的同类型船船台周期还少一个月，媒体曾用“万吨巨轮在大连下水”的标题报道这则新闻，以“跃进”号为标志中国造船进入了万吨级时代，大连造船厂也从此确立了在国内造船业的龙头地位，并一举名扬海内外。

左：1958 年中国第一艘万吨级远洋货船“跃进”号下水

右：1958 年开工建造的新中国第一艘万吨级远洋货轮下水仪式中参加庆祝的人们

“跃进”号是我国建造的第一艘万吨级远洋货轮。其船身总长 169.9 米，型宽 21.8 米，型深 12.9 米，载重量 1.34 万吨，排水量 2.21 万吨，主机 1 万千瓦蒸汽轮机，满载航速 18 海里 / 时，续航力 1.2 万海里。在结构上适宜于冰区航行，可航行于世界任何航区。1958 年 7 月 22 日开工建造，同年 9 月 28 日上船台合拢，11 月 27 日下水，船台建造周期仅 58 天，创造中国造船史上最快的纪录。1962 年 12 月 8 日，经国家鉴定委员会验收正式交付使用。

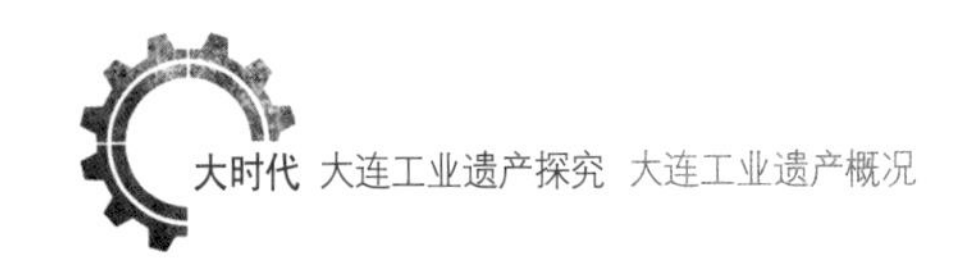



1966 年 5 月，大连造船厂以远见卓识组建成立了国内第一个厂管船舶设计研究所，船研所成立后按中国船舶 ZC 规范，自行设计了中国第一艘 1.5 万吨原油船，这是当时国内最大吨位的船舶。船研所虽然几经反复，人员几上几下，但它为后来设计国内具有领先地位、首创军民品新型船舶、配套产品、非船产品起到了决定性作用，大连造船厂成为当时国内设计万吨级船舶型号最多的船厂。20 世纪 70 年代，随着世界造船业的兴起，以及我国对外贸易量的增加，国内对各种船舶特别是大型船舶需求增加，大船集团开始进行第二次大规模建设。建设内容主要是香炉礁新区建设，新建 10 万吨级半坞式船台，10 万吨级码头等，老区进行技术改造，新增钢材处理、平面分段流水线等。随着新建及改造项目的完成，大连造船厂成为国

1957 年沿海货轮“和平廿五号”竣工交付

内首家具备 10 万吨级以上船舶能力的船厂。

在香炉礁新区建设的同时，我国第一艘 5 万吨原油船“西湖”号开始建造，由于当时新区还没形成生产能力，工人们硬是靠人拉肩扛建成了这艘当时国内吨位最大的船舶。1972 年 6 月，1.2 万吨大舱口远洋货轮“大理”号交工，该船第三舱口长达 24 米，并自备吊车，这在当时是国内首创，同时该船也是我国首次采用电子计算辅助设计建造的大型船舶，期间，工厂还设计建造了 16 艘 2.4 万吨肥大型原油船，投入营运后为国家北油南运做出了巨大贡献。这批大型船舶的相继设计建造成功，标志大连船舶重工船舶设计建造进入大型化阶段，并由此奠定了大连造船厂在大型油船设计建造上的优势，并一直保持至今。

1971 年正式交付的中国第一代首艘 051 型导弹驱逐舰 105 舰，2006 年被评为“中国十大名船”之一。

作为百年企业，大连造船厂具有技术人才等优势，在企业自身不断发展的同时，大连造船厂根据党中央调整一线，重点建设战略后方的部署，全力支援三线建设军工科研生产，从1964年开始先后负责包建和支援了重庆齿轮箱厂、重庆造船厂、九江仪表厂、宜昌船舶柴油机厂、渤船重工、江津增压器厂、武汉重工铸锻、陕柴重工、援越湛江造船工地等十几家企业，共抽调和派遣近5786名技术工人和管理干部，他们舍弃城市的优越条件，分赴祖国各地投身科研生产，他们顾全大局，牺牲自我，在三线的土地上洒下汗水、留下创业的足迹，为中国造船业发展立下功勋。1984年，分出大连船用柴油机厂、大连船用阀门厂、大连船用推进器厂，目前已成为国内举足轻重具有影响力的船舶配套企业。如今，那些曾经受益大连造船厂援建的三线企业，谈起这段历史都会深切记起大船人的奉献精神。

进入20世纪80年代，中国开启改革开放的大门。一份来自香港船东的国际订单摆在了中国造船人的面前。这份似乎唾手可得的订单，却成了一块烫手山芋。接还是不接？这不是一道简单的选择题。接了这笔订单，大船就要革新生产工艺和流程，按照以前从未接触过的国际规范进行生产，风险极大；不接订单，那么大船就会丧失一次参与到国际造船市场竞争的重要机遇。接！既是血脉中敢为人先的气魄使然，也有出于生存压力的现实考虑，1980年5月，大连造船厂与香港联成航运公司签订了2.7万吨散货船建造合同。

敢为人先是大连工业的一贯品质，也是大连诞生诸多新中国第一的原因。既然做第一，就要承受压力和挑战，大连的工业也在压力和挑战中不断成长。

尽管在国内造船业处于领先地位，但在新中国第一艘出口船面前，大船人不得不重新审视自己与国际规范之间的距离。交船的时间，连设计加建造18个月，拖一天就要赔港方4500美金，要拖2个月、3个月，人家

1976年交工的自行设计建造的中国20世纪70年代最大吨位50000吨油船“西湖号”

1971年建造的中国第一座30米自升式海上石油钻井平台

安全生产

REGENT TAMPOPO

就要弃船了。那个时候，造船厂的许多工人都要参加英国劳氏的焊工证的考核。要真刀真枪地去焊，合格的人才可以参与这艘出口船的建造。不合格的人就被淘汰，竞争非常残酷。要学习世界造船业最先进的工艺流程，更要面对国内与国外生产观念的激烈碰撞，甚至可以说，生产观念上的差距远比技术难关更加难以克服。钢板要求研磨到什么样的光滑程度，必须做到，否则人家不验收。这是一次艰难的起航。在外国船商挑剔的目光中，大船人保质守时地向国际市场交出了一份合格的答卷。1981 年 9 月 14 日，中国第一艘按国际标准设计建造的出口船舶“长城”号在大连造船厂建成下水。正是“长城”号的建造下水，开辟了中国造船业的新纪元。

造船是较早打入国际市场的，是外向型经济的开端。此后越来越多的大连企业走了出去，参与国际分工合作。在 20 世纪 80 年代初期那个刚开始复苏的春天里，大连工业也像乍暖还寒的天气一样，有了新的生机。

如今，大船所服务的船东分布在世界几十个国家和地区，包括丹麦马

左上：建造中的长城号

左下：长城号下水仪式

1981 年 12 月 24 日，大连造船厂建造的 2.7 万吨散装货轮“长城”号，交付香港联城航运公司。这是中国按照国际标准建造的第一艘出口船，符合 23 个国际规范、规则和条约要求。货轮总长 197.15 米，型宽 23 米，型深 14.3 米，安装 1 台 7870 千瓦柴油主机，航速 16.2 海里 / 时，续航力 1.5 万海里。机舱设有集中控制室，有完善的监控、报警装置。该轮建成交工后，首航从日本美国休斯敦港，历时 1 个月，航程近 1 万海里，途中经受了 4 次狂风巨浪的考验，被船东称之为“无可怀疑的优秀船只”。1982 年，该船在国内第一个获得国家质量金奖。

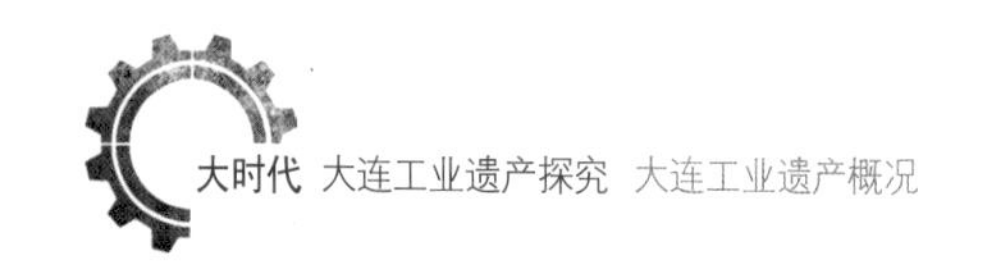


士基、TOM、德国瑞克莫斯、新加坡太平船坞等国际知名的航运企业，都成为大船的合作伙伴。今天，大船已将其业务拓展为造油船、修船、军工、重工和海洋工程五大板块，以30万吨原油VLCC、大型化学品船、大型集装箱船、大型滚装向、大型浮式生产储油轮、半潜式钻井平台、自升式钻井平台等为代表的高技术、高附加值船舶和海洋工程产品，给快速发展的中国造船业带来无数荣耀。

建设中的30万吨级船坞

代表20世纪80年代世界先进水平的国内当时最大吨位出口船118000吨穿梭油船，并获国家金质奖。

1986年，中国第一座从国外引进并自行改装的580吨大型门式起重机投入使用。

## 中央发电所旧址

其前身是俄国筹建的“中央发电所”，创建于1901年，主要为修造船场输送动力的配套工程，还兼向大连商港和市区供电。也是当时大连地区唯一的发电所。发电所由特莱廖辛负责监督建造，建筑主任是切乐宾斯基工程师。中央发电所是一个边长约46米左右平面呈正方形的建筑，占地面积约2500平方米，高约10米。砖混结构，正面朝北，北墙、东墙上有扶壁柱、山花装饰。1907年4月1日，由“满铁”接管，先后几易其名。1907年4月1日至1920年4月称为“大连发电所”，1920年4月至1922年7月称为“第一发电所”，1922年7月至1926年6月称为“滨町发电所”。1926年6月1日，“南满洲电气株式社”成立，该发电所划归其管辖。后来，并入“大连船渠铁工株式会社”，成为该厂专用的发电所。现为造船厂中心变电所，沿用至今。

左：大连造船厂中心变电所
右：大连造船厂变电所内部

上：大连造船厂南坞

下：南坞抽水室，日本电业社原动机制造所 1939 年制。

## 南坞

其前身是俄国统治时期兴建的小船坞，于 1902 年建成，其长 116 米，底宽 13 米，深 7.6 米，两开式扉门，并配备有电动排水泵。1913 年 3 月 26 日，日本川崎大连出张所开始扩建小船坞。扩建工程主要有：将坞口加宽，头部延长 6 米，表面石砌，里面浇灌混凝土；两开式坞门改为“浮箱式”坞门，坞口设电动绞盘机，两侧按手动绞盘机，1914 年 3 月竣工。扩建后的船坞为 5000 吨级，坞口幅宽 15.54 米，坞底部幅宽 15.28 米，坞深

6 米。设有 2 台 110KW 的离心式排泵，每小时排水量为 4000 吨，2 小时可排完坞内的水。

## 北坞

其前身为俄国统治时期兴建的大船坞，因日俄战争爆发，只挖了一个长 150 米，上口宽 22 米，底宽 11.3 米，深 10.4 米的大土坑。1923 年满铁对其进行重新修筑，1926 年 9 月 30 日竣工。由于这个船坞是为制造沉箱而修筑的，所以被称为“沉箱船坞”，船坞长 148 米，坞底宽 12 米，坞门是利用挖掘坞池清除出来的岩石筑成的，在坞的南侧设有水泵房。

2012年9月25日，中国第一艘航母在大连下水，由中国船舶重工集团公司大连造船厂正式交付海军，几代海军人、中国人的梦想在这一刻成为现实，更使国人备感振奋，幸福与荣耀。2017年4月26日，中国第二艘航母，也是我国第一艘自主设计制造的国产航母在大连造船厂下水，具有历史性的里程碑意义，标志着中国制造迈上一个新的台阶，离成为世界制造强国的梦想更近一步。

中国人不缺乏远行的勇气与能力，从张骞出使西域，到玄奘西行求法，从郑和七下西洋，到施琅收复台湾，一代代先贤为后人留下的，是探索真理的决心和敢于承担的勇气，21世纪是海洋的世纪，也是中华民族努力实现中华民族伟大复兴中国梦的世纪，我们相信，祖国会像威武雄壮的航母舰队一样，迈向远方，迈向未来。

航行中的海军“辽宁号”航空母舰

## 有轨电车——奏响 108 年的大连清晨交响曲

每天都是这样，城市还在寂静中，大连的有轨电车穿过清晨第一缕阳光，缓缓驶来，把人们从睡梦中唤醒。对于大连来说，有轨电车已不单单是一种交通工具，而是承载城市多元文化和发展历史的载体。近百年来，有轨电车那律动有序的“咣当”声如摇篮曲般让大连进入梦乡；每天准时将全城唤醒，有轨电车已驶在了大连人的感情世界里。

上：1909 年设立的“大连满铁电气作业所”，现大连公交客运集团有限公司电车分公司办公楼。同年在其北侧院内建成可容纳 100 辆电车的车库，时称“南满洲铁道株式会社电车修理工场”。1909 年有轨电车开始试营运。

下：原大连火车站有轨电车终点调度室

01

02

04

05

07

08

01. 1921 年生产的带空气制动器“41 型”有轨电车

02. 1925 年 5 月生产的带转向架的“301 型”有轨电车

03. 1935~1938 年期间制造的 3000 型有轨电车

04. 日本统治时期劳工专用电车

05. 1918 年小岗子电车站

06. 1928 年运行在大连街头的电车

07. 1914 年在星ヶ浦（星海公园）停放的电车

08. 20 世纪 20 年代停靠在车站的电车

09. 行驶在“满铁”本社附近的电车

10. 1929 年行驶在大连汽船会社附近的电车

1899年，大连开埠建市。赢得日俄战争的日本殖民当局为了巩固自己的统治，开始了大规模地实施城市“电气铁道”筹建计划。就在这一年，由德国西门子公司修建的中国大陆最早的有轨电车出现于北京，连接郊区的马家堡火车站与永定门。10年后，1909年9月25日，第一辆有轨电车缓缓驶过大连街头，东北第一条有轨电车系统诞生了。从此，有轨电车便成了大连人生活密不可分的一部分了，有轨电车也与大连人结下深厚的情缘。

世界首条用于客运的路面有轨车辆出现在19世纪初的英国。1807年，英国启用了马匹拉动的有轨车辆，称为公共马车。1879年，德国工程师西门子在柏林的博览会上首先尝试使用电力带动轨道车辆。1897年，世界上第一辆有轨电车在罗马投入了商业运行。当年，老大连人把日本人带来的这个新奇的庞然大物叫作“美国大木笼子”。大连人都称它是大木笼子，因为这个东西的结构完全是木结构的，跑起来，嘎吱嘎吱响。

从车辆和轨道的统计数字中，我们可以感受到它的生长：

1909年营运车37辆，1919年56辆，1929年115辆，1939年135辆，到1942年最高达148辆。

1909年铺设有轨电车钢轨长度为22.84公里，1939年达到65.32公里。

电车动力来源是依靠滨町（今滨海街）发电所和“天之川”发电所供给直流550伏电力。

据日本人田口稔编《南满洲铁道旅行案内》1931年版记载，1930年大连市有9条有轨电车线路运营。到1939年增加10条有轨电车线路运营：

1线：西岗子—“满铁”本社（今世纪街）—寺儿沟；

2线：敷岛广场（今民主广场）—日本桥（今胜利桥）—平和台（今景山街）；

3线：大正广场（今解放广场）—伏见町（今一二九街）—大广场（今解放广场）—山县通（今人民路）—埠头（今码头）；

4 线：大正广场（今解放广场）—西岗子—日本桥（今胜利桥）—敷岛广场（今民主广场）—埠头（今码头）；

5 线：中央公园（今劳动公园）—大连神社（今中山区解放路小学处）—朝日广场（今三八广场）—港桥（今港湾桥）；

6 线：大正广场（今解放广场）—黑石礁；

7 线：老虎滩—常盘桥（今青泥洼桥）—“满铁”本社（今世纪街）—埠头（今码头）；

8 线：日本桥（今胜利桥）—露西亚町（今黑嘴子）；

9 线：沙河口神社（今兴工街）—大连工厂（今机车厂）；

10 线：大正广场（今解放广场）—西岗子—“满铁”本社（今世纪街）—

1939 年，大连市有 10 条有轨电车线路运营，线路总长度 32.7 公里。图为电车在青泥洼桥交汇。

寺儿沟。

在电车创立当时，在现在的民主广场就建造了1座能容纳100辆电车的车库。在车库相邻联建一座电车修理工厂。当时称为“南满洲铁道株式会社”的电车修理工场，占地约7000平方米。修理工厂设有木工、油漆、铁炉、铸造、钳工等车间，对车间进行装配和修理。

1945年，日本人战败回国。大连的有轨电车遭到瘫痪性的摧毁，只剩下3条运营线路和38辆能够勉强上路和大量无法正常运行需要修复的破旧日产老电车。但战败的日本人没有想到，由他们带来的有轨电车早已与大连人结下了深厚情缘，残暴的破坏不但没有割断这股情脉，反而燃起了更加炽热的重建之情。在之后的30年岁月里，大连电车迎来了发展史上的巅峰期。

在1号线（西岗子——“满铁”本社）行驶的电车

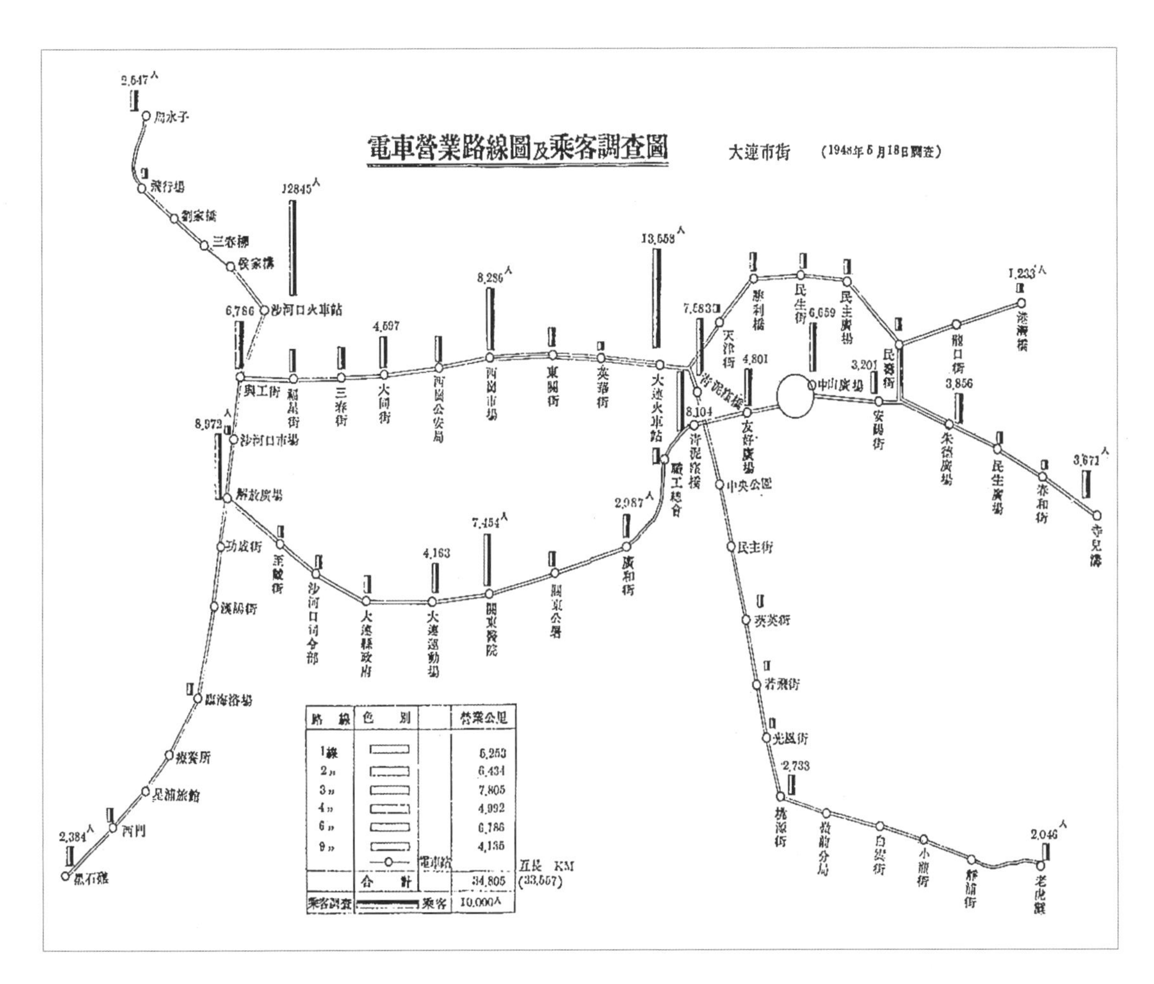


| 路線 | 色別 | | 營業公里 |
|---|---|---|---|
| 1線 | | | 6,253 |
| 2〃 | | | 6,434 |
| 3〃 | | | 7,805 |
| 4〃 | | | 4,992 |
| 6〃 | | | 6,186 |
| 9〃 | | | 4,135 |
| | | 電車站 | 延長 KM |
| | 合計 | | 34,805 (33,557) |
| 乘客調查 | | 乘客 | 10,000人 |

1949年，市区有6条有轨电车线路，105台车辆，日平均客运量15万人次以上，承担着市内公交的主要任务。

1951 年，为了庆祝中华人民共和国成立两周年，大连公交公司组织研制 1001 型有轨电车。经过一年左右的努力，1951 年 10 月 1 日，1001 型有轨电车正式生产出来。

白手起家，自造新车，这对当时电车工厂的全体职工来说仿佛是一场新的战斗。没有资金，自己想办法，电车人通过修电机、打菜刀等方法来筹备资金。

没有图纸，他们就根据老电车测绘制图。没有胎具，缺少配件，没关系，电车工厂的工人们用他们的双手一点点地凿形来制作配件。有些底盘的钢结构需要 10 米长，工人要用大锤，一锤一锤地把它们打出来然后再摵

参与制造电车的工厂职工们，簇拥在一辆装饰一新的电车前，留下了这张珍贵的合影。这 201 张生动的面孔，表述着他们的那种欣喜、骄傲和自豪！面对着这个历史定格的瞬间，让我们感受到的是大连电车人的那份坚毅，那份执着和为新中国建设而贡献青春的不悔精神！

出来，一边加热一边锻造，当时的条件非常困难。

有的配件从未加工过，也不知进原料的配方，为了弄清原材料的成份，电车工厂的工人们查资料，搞实验，甚至不顾危险用口尝的方法来分析材料的成分。“看着办，比着干”是他们当时的心情。

1951 年国庆节，大连人造出了新中国第一台流线型 1001 型“成功号”有轨电车，向年轻的共和国献上一份划时代的厚礼，大连电车工人无比激动地向毛主席发出致敬的贺电。从此，新中国电车史翻开了崭新的一页，自强不息的大连人为此写下了光辉的一笔。

20 世纪五六十年代是大连有轨电车发展的巅峰时期，最多时建有线路

11 条，总长 48.9 公里，车辆 144 台，职工 5000 余人，日均客运量 45.33 万人次。有轨电车成为当时市民最主要的交通工具。

到了 20 世纪 70 年代，大连开始大规模拆除有轨电车线路，曾经称霸街头的有轨电车遭遇到时代的挑战。人口增长了，汽车客运发展了，城市交通压力变大了，而时代的脚步却更快了。有轨电车在城市交通中的作用渐渐屈居劣势，因此，很多城市纷纷取消了有轨电车系统。

当历史运行到 1977 年时，急迫希望建设更新更美城市的大连虽然拆除了部分有轨电车线路，但最终还是保留了 3 条有轨电车线路。这 3 条线路首尾相连，从东到西贯穿了整个市中心，全长 15 公里。

这是一个智慧的决策，也是一份对于历史的关照。

左：1946 年 4 月，大连市政府接管“大连都市交通株式会社”，并更名为大连市交通公司，有轨电车获得新生。

右上：1948 年 6 月，交通公司举办了第一批电车女驾驶员学习班，从此，由女驾驶员驾驶电车的传统延续至今。

右下：1951 年 10 月 1 日，旅大市交通公司电车工厂自行设计制造的我国第一辆有轨电车 1001 型“成功号”。

始建于1909年，保存至今的电车公司办公楼。

仍在大连201路上行驶的3000型有轨电车内部

电车维修车间，主要负责有轨电车的维修和装配，也是老爷电车3000型的大本营，因为“主营业务”是老式电车，所以修造的场面和当年别无二致。翻新车体是一种技术含量很高的手艺活儿：钉铆锤钻加电焊，用来修补车体上的岁月痕迹；修模、刮腻子、喷漆，可让车体外表恢复光鲜；刨光、打磨，可恢复电车内那些木质窗户门和椅子背的纹理和弧度，其精致程度让人感觉好像进了家具店。空气中木料和漆料的味道混杂在一起，形成了一种独特的气氛。

有轨电车线路的保留，不仅尊重了老大连人的过去，也为新一代大连人的未来奠定了基础。岁月变迁，如今有轨电车的周围已是高楼林立，车水马龙，惟独电车依旧，如一尊流动的雕塑，无声无息，却浑身散发着沧桑与壮美。

放眼全国各大城市，有轨电车的历史长达百年，但能够风雨无阻、不间断地运行到今天、并保持较高利用率的，除了香港就只有大连了。大连的有轨电车不但每天顽强地实现着它的使用价值，而且更多地体现出它旅游观赏的文化价值，为现代都市人平添一份新奇、一份古朴、一份怀旧的情愫。

现在大连201路上行驶的3000型有轨电车均为1935年至1938年期间，由日本铁道车辆制造企业制造生产的，是当今世界仍在服役的最古老的有轨电车之一，是世界上第一代有轨电车的代表。为保证舒适度和安全性能，大连的工程技术人员采用传统技术工艺和现代技术相结合的办法，最大限度地保留有轨电车原有外观和内饰风格，再现传统有轨电车的古典风貌。设计上均以20世纪二三十年代有轨电车为蓝本，如所有木质装饰都采用了实木，所有的金属零件都采用了铜质。电车驾驶室里的铜质操纵器，已经被司机摸得锃亮，上面还可以看到“接串”、“并接”这样的提示语。乘客在这既古典又现代的车厢里享受着时光穿梭的快乐。

准备从车库出发的电车

依然行驶在大连市区的有轨电车

电车的出现，是近代工业文明的成果。它是一种由直流架空触线供电，由牵引电动机驱动的客运车辆。电车又分有轨和无轨两种。有轨电车是利用铁轨来承担车身的重量，因为以前的车厢是火车车厢改装的，所以铁轨也用得很粗，称为重轨。后来改进了转向架和刹车装置，减轻了车身重量，重轨改为了轻轨，也就是现在有轨电车的铁轨。有轨电车的电动机有无级变速功能，所以电车上没有变速箱和排档，只要加大电流就可以提速，不过一般的速度为每小时 15 公里。车行速度之慢，有时甚至比不过自行车，但这也正是有轨电车的可爱之处，让行人在它面前没有畏惧感，明知道电车就在身后，还大摇大摆地从它面前穿过。所以乘坐有轨电车的人，都应该是不着急赶路的人，有心情欣赏窗外的风景。

就载客能力而论，除地铁外有轨电车让几乎所有的地面交通工具都甘拜下风。然而，有轨电车最大优越性还在于它是“零排放”的节能环保交通工具，因为它是以电力来做推动，车辆没有任何废气废水排放，对路面的损伤程度也很低。同时，有轨电车还有一个优势是几乎不会堵车，其专用路轨就在路中央，其他机动车道在其两旁，互不影响。

对于中型城市来说，有轨电车是实用廉价的选择。因为无需在地下挖掘隧道，1 公里有轨电车线所需的投资只是 1 公里地下铁路的三分之一。而相较其他路面交通工具，有轨电车会更有效地减少交通意外的比率。由于电车车身的电动机采用反向电流刹车，正向电流启动，所以有轨电车乘坐起来也比较平稳。最有趣的是仿古电车上都挂着铃铛，叮叮当当的一路驶来，让铃铛发出悦耳之声的机关就在司机脚下的一个踏板处，司机踩一下踏板，铃铛便会唱歌。整个车像蚯蚓一样不分头尾，车的两头有着相同的操作装置，当车子开到终点，司机走到车尾，于是车尾变车头，又开回去了。仿古电车这样的行进方式，别有一番情趣，也颇有人情味。

2001 年，联合国环境署的官员到大连考察时，曾对这里保留众多“老爷电车”表示高度赞赏，还预言有轨电车将在世界范围内卷土重来。事实也正是如此。在这之后的2004年，瑞士日内瓦正式启用了一条有轨电车轨道，苏黎世、伯尔尼、巴塞尔等瑞士城市的有轨电车轨道也纷纷重新运营。在法国的巴黎、里昂、斯特拉斯堡、南特、卢昂、格勒诺布尔等地以及德国和荷兰的一些城市，有轨电车又重新开通。历经风雨的“老古董”返老还童了，作为中国少有的有轨电车，大连有轨电车在现代社会中显露出全新的存在价值。人们开始为这份珍贵的城市遗产喝彩。

不是每个城市都拥有这样的经历——有轨电车第一个唱响天亮的声音，又最后一个拉下城市的帐幕；不是每个城市都拥有这样的风景——拉响汽笛的有轨电车司机，是清一色英姿飒爽的巾帼倩影；不是每一个城市都拥有这样的历史——作为流动百年的城市风景，有轨电车延展出浪漫大连的历史文脉；不是每个城市都有这样的成绩——在全国城市轨道交通建设中，大连保留有轨电车的线路最多最长。

## 大连机车——与大连城市同龄

大连机车与大连城市同龄，已走过 118 年的光阴。这座中国铁路史上最具传奇色彩的工厂，以其曲折而又辉煌的历程，被誉为中国机车的摇篮，谱写了中国机车历史的华彩篇章，铸就了中国机车历史的一个新时代。

大连机车车辆厂前身为俄国侵占时期的“东清铁路机车制造所”，建于1899年。1899年7月，俄国着手实施“达里尼”市第一期工程。“东清铁道机车制造所”作为首期工程的组成部分同时开始兴建。1901年“东清铁路”建成，“东清铁道机车制造所”也同时建成。厂区位于胜利桥（今团结街和民主街）一带。1903年，“东清铁道机车制造所”开业，成为中国最早的铁道工厂之一。

日俄战争结束后，日军野战铁道提理部于1906年9月正式接管东清铁道机车制造所，将名称改为大连工场。同年，日本成立对中国实行经济掠夺和文化侵略的特殊机构——“南满洲铁道株式会社”（简称满铁），负责修理“满铁”机车车辆。1907年，“满铁”正式接管工厂。1908年7月，“满铁”决定把大连工场从原址移至郊外的沙河口（今机车厂址）重建。厂名改称“满铁沙河口铁道工场”，从事铁路机客货车修理组装制造。新厂址占地178万平方米，其中厂区92万平方米，住宅区占地86万平方米。在工厂和住宅区建设的同时，新建了小学校、医院、邮局、俱乐部、贷借店铺、体育馆、神社、教堂等，形成大连西部的一个工业市街。工厂内部结构，据说是按照德国克虏伯的埃森工厂设计的。是当时国内规模最大、技术最先进的机车工厂，也是亚洲有数的大工厂之一。

1937年开始，机车年产量保持在40台以上，生产的机车接近世界水平。“九一八事变”后，沙河口铁道工厂不仅要生产普通客货车，而且还要制作装甲列车、装甲汽车、验道车、军用冷藏车和军刀等紧急军需物资直接用于战争。沙河口铁道工厂在侵略战争的轨道上疯狂发展。

工厂最初也是修理机车为主，1914年开始制造蒸汽机车。1924年生产出轴式为1-4-1的“米卡拉2型”大型蒸汽机车。10年后，1934年生产出轴式为2-3-2的“太平洋7型”蒸汽机车，该型机车牵引了当时亚洲第一高速列车“亚细亚”号。

沙河口铁道工场内部

1931 年沙河口铁道工场制罐和锻冶车间

20 世纪 30 年代沙河口铁道工场内部

20 世纪 30 年代沙河口铁道工场

沙河口铁道工场生产的机车

满铁沙河口铁道工场客车工场内部

01. 20 世纪 30 年代沙河口铁道工场全景

02.“东清铁道机车制造所”，1899 年 9 月兴建，1901 年建成，1903 年开始运营。图为 1903 年工厂全景。

03. 20 世纪 30 年代沙河口铁道工场机车车间内部

“亚细亚”号蒸汽机车。1934年沙河口铁道工场设计生产出2-3-2的“太平洋7型”蒸汽机车共12辆。该型机车牵引了当时亚洲第一高速列车“亚细亚”号（**あじあ**号），最高测速为130公里/小时，远远领先于当时世界上所有火车，由大连开往“新京”（今长春），全程用时8小时38分。次年，亚细亚号又将运营站点由“新京”延长至哈尔滨。1934~1943年间运营于“新京”至大连之间。

该列机车编制为行李邮件车1节、二等车2节、餐车1节、二等车1节及展望车1节，合计6节，定员328人。各车辆设计均采用最新设计，为减轻空气阻力，将车体外部改为流线型；为减轻轴承的摩擦抗力，使用滚动轴承；为减轻车体重量，使用强力钢及镁、铅等金属，废用铆钉全部

改用电气熔接法；座位是电纽自动式，备有美国制空装置。该型机车采用最新的流线型设计和自动加煤机系统、给水预热装置，代表着当时最科学、先进的客运动力机车，被称为“东亚的珍品”。1943 年 3 月 1 日，“亚细亚”号在南满铁路线上消失。

“亚细亚”号蒸汽机车现存两辆，现存于沈阳蒸汽机车博物馆。

“亚细亚”号蒸汽机车、扇形车库、转车台是蒸汽机车时代的巅峰之作，也是蒸汽机车时代的挽歌。它们不仅是东亚的，也是整个人类的财富。

1945 年 8 月 15 日，日本投降。日本人在撤离工厂时留下一句话："这里将来只能种高粱"。在这种艰苦条件下，大家团结一心，克服困难，到 1948 年恢复了生产。他们修好的蒸汽机车源源不断地开往前线，支援了全国解放战争。那时候，工厂里弥漫着产业工人炽热的报国情怀。

为了发展铁路事业，铁道部于 1953 年决定研制中国自己的蒸汽机车，这项重大的任务交给大连机车厂。一批大学生来到了大连，大家立志要造一台"争气"机车，给咱们中国人争口气。经过 1 年零 8 个月的日夜奋战，白天黑夜连轴转，一道道技术难题啃下来，一个个部件造出来。1956 年 9 月 18 日，中国第一台自行设计制造的大功率"和平型"蒸汽机车研制成功了，并达到当时的世界先进水平，从此结束了中国人自己不能设计蒸汽机车的历史。

1958 年，工厂定名为"铁道部大连机车车辆工厂"。1965 年，大连机车实现了由制造蒸汽机车转向制造内燃机车的历史性转变，成为我国第一个内燃机车制造厂；1974 年，大连机车批量生产"东风 4 型"内燃机车，结束了我国不能自行设计制造大功率内燃机车的历史。以中国伟人命名的"毛泽东号""朱德号""周恩来号"机车，都是选用的大连机车，其中"毛泽东号"机车经历了 4 次换型，均采用了大连生产的机车。1984 年，大连机车批量制造"东风 4B 型"内燃机车；1987 年该机车荣获国优金奖并被指定为替代进口产品，结束了我国大批进口机车的历史；1993 年，大连机车首次向缅甸批量出口机车，实现了我国干线电传动内燃机车出口零的突破。大连机车车辆工厂是中国轨道交通装备行业中唯一一家既能研制大功率交流传动内燃机车和电力机车，又能够研制大功率中速柴油机和城轨地铁车辆的企业，内燃机车产量居同行业第一位，享有"机车摇篮"的美誉。

右上：1969 年 9 月 26 日第一台“东风 4 型”内燃机车在大连机车厂诞生

右下：1956 年 9 月 26 日大连机车厂研制成功我国第一台“和平型”蒸汽机车

大连机车车辆厂历史悠久，与大连城市同龄。新中国成立后北车公司先后进行了6次大规模改造，许多有历史价值的工业建筑在改造中拆除；在2010年西安路商圈改造中，北车公司工会办公楼（原日本殖民统治时期的机车厂俱乐部）等附属建筑拆除；随后，老干部活动中心（原日本殖民统治时期的机车厂厂长住宅楼）也要拆除开发。北车公司现正在旅顺开发区建新基地，2011年整体车辆分公司、机修厂要完成搬迁，2015年计划基本完成整体搬迁。尽管北车公司经历了多次的大规模改造，但在调查中我们依然发现了部分有价值的车间厂房和机器设备。因此，对其现存的工业遗产进行调查和保护工作，迫在眉睫。

2004年1月1日，机车厂结束了104年的工厂制历史，经过资产重组，由一个国有企业改制成产权和投资多元化的大公司，正式命名为中国北车集团大机车车辆有限公司。一个历经百年的国有企业掀开了发展史上崭新的一页。

机车人靠着自强不息的奋斗精神，始终保持旺盛的发展态势，数十年独领风骚，为民族机车工业的振兴写下了辉煌的篇章。经过百余年风雨的洗礼，机车厂成为中国机车行业领先、国际知名的大企业，已经可以与北美、欧洲的机车制造企业一起，在国际市场上形成三足鼎立的局面，在机车整体技术水平上已接近世界发达国家水平。

## 扇形车库

这座扇形车库位于大连市西岗区海洋街沈阳铁路局大连机务段里。扇形库建于1918年，有近百年的历史，现在一直在使用。它的主要功能是大连站方面来的内燃机车进入扇形库进行整备保养。

库门呈扇形依次排开，每个门洞前都有一条铁轨与库外的机车分道盘连在一起，火车要进哪个门，上转台一转，开进去即可，非常科学。这种车库设计合理，使用方便，造型美观。看着库前这些发散的铁轨就像历史

1908年的扇形车库。左侧的五个拱券门样式的机车库由俄国人建造。1935年至1937年修建新火车站时，俄占时期建造的机车库则被拆除。

的经络，让我们从中触摸到这里曾有的脉动。

蒸汽机车只有一端有驾驶室，所以到达终点后必须调头。为此，俄国人在1901年修建了360度旋转圆盘式转车台。火车司机只要将机车开上转车台，再由两个人同时握住操作杆旋转180度就可以实现调头。为便于存放和保养机车，还修建了5条线路的机关库，具体位置在今胜利街46号达里尼临时火车站一带。

1908年7月，“满铁”沙河口铁道工场开工建设，1911年7月正式营业。与此同时，“满铁”扩建俄占时期的机车库。世界上第一个扇形车库普遍认为是1839年出现在英国的北米德兰铁路，那是一个有16条铁轨的机车库及转车台。

上：扇形库内部。1916年10月，日本利用废弃的东清铁路修理总厂建20条线路的机车库，1918年竣工，命名“满铁”大连机关库。

下：1945年8月22日，苏军进驻大连，接管铁路系统，“满铁”机关库改名为中长铁路大连机务段。

上：1984 年的大连铁路东站调车场航拍

下："满铁"大连机关库 1918 年竣工后，又多次拓建，1929 年扩建为 25 条线路，1931 年扩建为 35 条线路，形成了现有的格局。

## 机械五车间

机械五车间是担负工厂敞车转向架、轮对、车钩和内燃机车轮对加工组装及柴油机部分零件加工等任务的机械加工车间。前身为日本统治时期工厂的台车职场，1911年9月8日落成，建筑面积3517平方米，屋顶为锯齿形车间建筑，在设计上受到当时西方新建筑的影响，率先使用了钢筋混凝土锯齿形屋顶，使之有了良好的采光方式，车间内部采用了大跨度铆接工字钢架结构。车间内这台正在轨道上行进的吊车，是当年车间兴建时安装的，它可以进行360度的旋转，至今仍在使用。

上：机械五车间内部

下：车间内，1932年制造的日立牌压力机，至今仍在使用。

上："满铁"沙河口铁道工场锯齿状屋顶的车间

下：机械五车间外部，屋顶为锯齿形建筑。

## 动力车间

动力车间是动能生产供应的辅助车间，前身是日本统治时期工厂的动力室，1911 年 3 月落成，建筑面积 1070 平方米，车间内保留 6 台老设备。

01. 机车厂存放老设备的车间

02. 1919 年日本大西铁工所车床的标识

03. 1938 年美国俄亥俄州辛辛那提铣床的标识

04. 1919 年日本大西铁工所生产的车床，是机车厂保存历史最久的机器设备。

05. 1938 年美国俄亥俄州辛辛那提铣床有限公司生产的铣床

04

05

上：机车车间外景

下：机车车间内部

## 机车车间

机车车间是内燃机车生产的总组装车间，前身是俄国侵占时建立的机车组装职场。车间建筑为1908年兴建，建筑面积2373平方米，原为红砖建筑，后对建筑外立面进行改造。内有1919年、1925年安装的150吨、100吨吊两门，系美国生产。

左上：大连市47中学。位于沙河口区鞍山路85号，当年名为大连沙河口小学校，是沙河口铁道工场的子弟小学，建于1911年。

右上："满铁"沙河口铁道工场高级管理人员住宅，建于1915年，位于大连市沙河品区兴工北七街，现为民宅。

下：老干部活动中心。原为日本统治时期工厂的厂长住宅楼。

## 周家炉——大连民族工业的源头

洋务派的军工企业和民用企业引进西方资本主义先进的生产手段，用机器代替手工劳动，开启了中国资本主义近代化的历程，对民族工业的发展起到一定的推动作用。20世纪20年代周文贵、周文富兄弟创建的顺兴铁工厂在日本殖民统治的大连，乃至东北工业界卓然而立，成为近代机器工业的先驱者。

周文富（1874~1931）字善亭，周文贵（1878~1928）字义亭，周氏兄弟四人，文富行三，文贵行四，旅顺元宝房人。

周家到旅顺口的历史，可以追溯到清嘉庆年间，他们的祖籍是山东登州府周家大疃，如今在大连市甘井子区和普兰店区都有周家同根同宗的分支。在闯关东的后裔当中，周文富和周文贵兄弟无疑是出色的。他们有着淳朴善良与坚忍不拔的性格，同时又在大连最早领悟了近代工业的文明先声，也许这就注定他们会成就一番不同常人的事业。

周氏兄弟当时家境贫寒，无力攻读，周文富 17 岁时就弃学，于 1892 年在旅顺船坞局机器厂做工。周文富在劳动中刻苦学习钳工技艺。怀有独立经营之志。周文贵仅读了 4 年书，12 岁便在家务农，以赶马车为业。

1894 年日本挑起中日甲午战争。11 月 21 日，日军制造了震惊中外的旅顺大屠杀。在这次惨绝人寰的旅顺大屠杀中，周文富侥幸逃脱。侥幸逃过 1894 年那次灾难之后，周文富被俄国人招去，成了旅顺大坞上的一个铁匠。

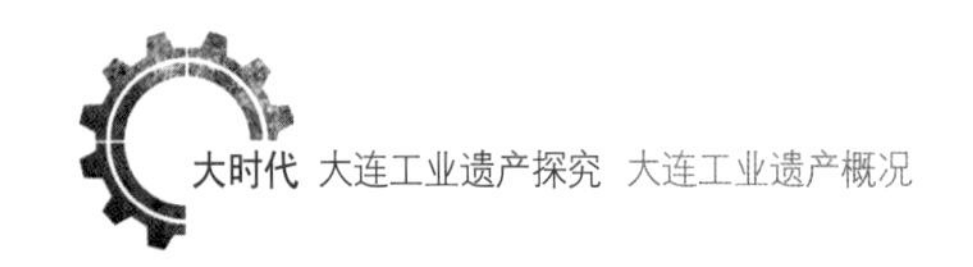


1894 年的中日甲午战争，阻断了旅顺口自主步入近代工业文明社会的发展道路，却又使辽东半岛南部地区成为日本和俄国两个列强争夺的宝地。那时的大连还不是一座城市，但已经有 40 多个自然形成的村庄，包括今天青泥洼、香炉礁、春柳等地，都是人口相对集中的地方。1898 年 3 月，俄国强迫清政府签定了《旅大租地条约》；1899 年的 9 月，大连商港一期工程开始动工，几乎同时，城市规划和建设也迅速展开，野心勃勃的掠夺者要在这里建造一座新城。

1904 年，沙皇俄国的梦想还没有完全实现，日本人就打了回来，战败的俄国不得不暂时放弃了大连这座刚刚起步的城市。日俄战争后，双方于 1905 年 9 月 5 日签订《朴茨茅斯条约》，俄国将原来在中国东北拥有的旅大地区及"东清铁路"（长春至旅顺段）等方面之权利让与日本。日本殖民统治初期，为维护殖民统治需要，殖民当局施行自由经济政策，允许各种经济自由发展，使大连的民族工业得到了快速的发展，主要体现在大连的油坊业和铁工业上。而 1920 年后，日本殖民当局在大连大量投资，发展机械制造业，而对大连的民族工业却进行残酷地打压。当华人的民族工业有所发展时，即遭到日本侵略者的限制和排挤，甚至不择手段地予以剥削与压迫。大连民族机械制造业——"顺兴铁工厂"就是在这一时期创立的，又排除种种困难下逐渐兴盛起来，成为日本殖民统治下的旅大地区以至整个东北颇负盛名的一家民族机器制造企业。

1907 年，周文富从旅顺船坞辞职，周文贵也来到旅顺，初以赶马车为生。1909 年，周氏兄弟从旅顺来到大连，在当时被称作小岗子，就是现在的北京街附近落了脚。小岗子是中国穷苦工人、店员和贫苦市民居住最集中的地方之一，两兄弟见大连铁匠炉生意兴盛，遂筹措资金，购置简单的工具，在这里开了一间铁匠铺，"专营马车蹄铁装备及制造马车和修配马车零件"，当地人称之为"周家炉"。

那时，大连的交通主要以马车为主，兄弟二人富于进取心，不畏艰苦，手艺出众，经营有方，故深受用户欢迎，生意颇为兴隆。不久制造出麒麟牌四轮马车，且生产规模扩大，招收徒工补充劳力，增至 20 多人。到 1910 年，周家炉已经不是一个简单的铁匠铺，而是相当全面的大型手工业作坊了，两兄弟把“周家炉”正式定名为“顺兴铁工厂”，希望生意一直顺利兴隆。

自 1906 年日本殖民当局宣布大连为自由港后，在大连港实行“特定运费”制度，降低运费，以与营口港和俄国的海参崴港相竞争，吸引更多货物自大连港输出。从而大连港运出的大豆及其制品开始增加，进一步刺激了大连榨油业的发展。而日本殖民当局为掠夺东北资源，对大连油坊业采取低税政策。因此，以东北盛产的大豆及其他谷物为原料进行加工的大豆榨油业，成为大连民族工业中最大的一个行业。而日本财阀最初在大连开办的工厂中，也以油坊为主。他们认为利用廉价劳动力就地加工豆油、豆饼比运回大豆到国内加工获利多。因此，1907 至 1915 年，大连的油坊业发展迅猛。（见表一、表二）但大连民族油坊业设备陈旧，生产方式原始，压豆皆用石碾，动力以牛马畜力或人力榨油，出油率低，生产周期长。这种原始手工榨油方式已远远不能满足油坊业发展的需求。顺兴铁工厂及时发现这一市场需求，将工厂生产的主要方向转向油坊业所用榨油机。

周氏兄弟请来旅顺船坞工厂蒋辑五、陈永德等技术人员入厂工作，专门研究诸项技术，经潜心研制，终于试制造出一台铁质人力螺旋式榨油机。成品经“晋丰”“政记”“成顺和”“玉昌和”等油坊轮流试用，卓有成效。随后又自主研制出机械动力的火油机、冷气榨。（液压机）采用机器代替石碾和人力榨油的油坊，既省时，又省力，且出油率高，品质好，于是顺兴铁工厂生产的螺旋式榨油机受到了油坊业主的青睐，大连的油坊均争抢前来订购，因而营业日加繁盛，产品出现供不兴求的状况。这种情况之下，

表一　日本人在旅大独资和中日合资经营的油坊

| | 工厂数（户） | 资本额（万银元） | 豆饼（万片） | 豆油（吨） | 生产额（万日元） |
|---|---|---|---|---|---|
| 1908 | 2 | 125.0 | 110.5 | 2691 | 153.1 |
| 1909 | 3 | 135.5 | 170.1 | 4104 | 242.2 |
| 1910 | 4 | 144.5 | 121.5 | 1145 | 229.2 |
| 1911 | 5 | 156.5 | 247.7 | 6047 | 472.7 |
| 1912 | 5 | 156.5 | 242.3 | 6439 | 489.0 |
| 1913 | 5 | 156.5 | 264.3 | 6572 | 505.6 |
| 1914 | 6 | 171.5 | 168.3 | 4458 | 325.2 |
| 1915 | 7 | 198.5 | 306.3 | 7854 | 540.3 |

表二　历年大连民族资本开办的油坊

| 年份 | 工厂数（户） | 资本额（万银元） | 年生产量 | |
|---|---|---|---|---|
| | | | 豆饼（万片） | 豆油（万市斤） |
| 1908 | 16 | 16.0 | 45.1 | 201.2 |
| 1909 | 30 | … | 52.2 | 233.4 |
| 1910 | 31 | 93.2 | 89.8 | 391.9 |
| 1911 | 42 | 110.4 | 506.3 | 2425.4 |
| 1912 | 41 | 109.6 | 691.9 | 4867.7 |

顺兴铁工厂扩大厂房，增置设备，招工增加技术人员和工人。

虽然周家炉人已经自主开发了人力螺旋式榨油机、机械动力火油机等设备，但是出油率赶不上日资“三泰油坊”的榨油机。“三泰油坊”是日本侵略者为了掠夺我国东北大豆资源，于1908年由日本三井财团与中国资本家联合在大连寺儿沟建立的，所有设备均为机械。“三泰油坊”建立后，榨油机以蒸汽机为动力碾豆，以冷气机榨油制饼，成本低，出油率和质量均超过大连所有华商油坊。“三泰油坊”为永久领先于大连地区同行业，极端严守秘密，不准中国人参观效仿。1911 年，“三泰油坊”为检修全厂设备，需要找一家工种全面、技术过硬的铁工厂合作，不得不与闻名全市的顺兴铁工厂签订维修协议。于是顺兴铁工厂派蒋辑五带领技术骨干，到“三泰油坊”进行检修，在日方的严密监视下，蒋辑五等记下日式冷气榨油机的构造，千方百计获得其冷气榨油机的技术资料。顺兴铁工厂在此技术资料基础上仿制出的日式冷气榨油机，质量完全可以与日式冷气榨油机相媲美，且造价成本降低，于是大连民族油坊业的榨油设备开始革新。随后，顺兴铁工厂开始制造油坊机器设备，制造出新式油碾、油囤等油坊业其他方面设备，不仅销售于大连市油坊业，省内外各市营口、沈阳、开原、四平、长春、吉林、齐齐哈尔、青岛、海州等地的油坊也纷纷订货，业务繁增。顺兴铁工厂顺势扩大规模，扩建厂房，增添设备，增加人力。至 1913 年，成立模型、翻砂、车床、虎钳、铆焊、打铁等 6 大车间；购置平床 50 台，铆焊用机床 80 台，增添精密铣床；另增宽大库房 1 处；能制造 15 吨起重机、矿山用的卷扬机、通风机和抽水机等成套设备，并在东北最先使用电焊接和瓦斯焊接等先进技术。全厂职工增至 800 余人，学徒 400 余名。营业极盛，“锵锵之声，濛濛之烟，尽夜不绝”[1]。顺兴铁工厂制造的榨油设备使华商油坊业生产额成倍增长，提高了他们的竞争能力，打破了日本油坊资本家的垄断地位。至此，顺兴铁工厂完成了从手工作坊到机器制造厂的转变。

鉴于营口自开港后豆油、豆饼输出量大增，当地民族资本经营的油坊有数十户，而这时大连的榨油业却有所下降，1912 年，顺兴铁工厂选择在营口设立大兴铁工厂，职工数十人。同年秋，又集资 20 万元在哈尔滨创建振兴股份有限公司，任蒋辑五为经理。振兴公司“除制造油坊机器外，兼

[1] 傅立鱼：《大连要览》，泰东日报社，1918 年，第 87 页。

左上：顺兴铁工厂厂房

右上：顺兴机器厂车间

下：振兴机器厂生产的榨油机

营江船制造和检修机器"[1]。发展迅速，盛极一时。工厂成立不久，即一跃而为与哈尔滨和记、聚兴成、祥大等著名企业并立的四大工厂之一。哈尔滨振兴股份有限公司的兴建，不仅扩大了生产规模和产品种类，而且使经营范围从大连扩大到东北其他城市。全厂职工达 400 余人。

为与日本榨油机器制造业竞争，1915 年，周文贵赴日本东京考察，购买一台蒸汽机，归国后试制成功。至 1917 年，顺兴铁工厂的技术人员和工人已达 1300 余名。除能够制造油坊业所需的各种设备外，还可制造"轮船应用之各种机器锅炉，兼修补轮船一切工程"，"甚至能够生产起重量达 15 吨的起重机"，与当时大连的"满铁"沙河口工厂（今大连机车车辆厂）、川崎株式会社大连船渠（今大连造船厂）形成鼎足之势。

1918 年正值第一次世界大战末期，国际航运受到严重影响，导致大连钢铁等原料极度匮乏，于是顺兴工厂准备自办炼钢铁业，购运矿石、铁砂，准备自建高炉，制钢炼铁，满足生产所需。顺兴的这一举动，遭到日本殖民当局的嫉妒和痛恨，若能炼钢成功，日本垄断大连钢铁行业和机械行业的目的就会受到阻碍，这是日本殖民当局绝不能允许的。"满铁"运用它交通方面的垄断特权来限制和打压顺兴铁工厂。前后只给顺兴运送两车铁矿石后，就坚决无理禁运，断绝其原料来源，导致顺兴高炉停产。损失 17 万元。1919 年 8 月，顺兴铁工厂鉴于西岗久寿街老厂房狭窄，不能适应扩大生产的需求，又在刘家屯（今西岗区五一广场民权街道附近）购地 3.6 万平方米，准备扩大生产范围，开始造船和制造汽车。顺兴铁工厂的日益壮大，超出日本殖民当局的经济垄断范围，其殖民利益受到威胁，于是殖民统治者出尔反尔，先是准许造船和制造汽车，待工厂建好后，又不准许造船和汽车制造业迁入新厂，只允许铆工、虎钳工车间迁入。轮船和汽车制造许可证也被吊销，只允许修理轮船，却又明令禁止日轮到顺兴铁工厂修理。两次扩建工厂，均遭到日本殖民当局的扼杀，顺兴铁工厂受到了沉重

---

[1] 蒋辑五、林基永：《大连顺兴铁工厂周义亭传》，大连市档案馆，全宗号 89。

的打击。

1920年，哈尔滨的振兴铁工厂突然起火，一夜之间，全厂化为灰烬。此时的顺兴铁工厂已无力重新建厂，只得结束哈尔滨的振兴铁工厂，全力经营大连的企业。而在这期间，日本得益于欧战，对华经济有了飞跃式的发展，日商在大连的机械制造工业也突飞猛进，顺兴铁工厂无论在技术上，还是人物力上都无法与蒸蒸日上的日商相竞争。

顺兴铁工厂在日本殖民当局和日本企业的压迫和破坏下，连遭亏损，

周文贵复州湾开矿碑（残）拓本

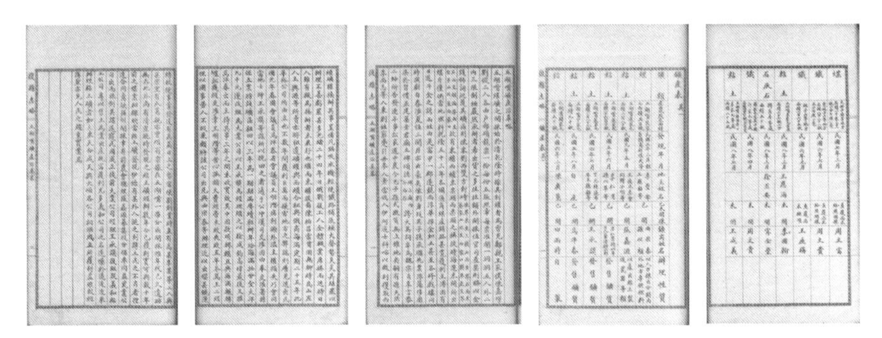

《复县志略》矿产表与五湖嘴矿产沿革略

业务锐减。同期日商在大连大量建厂，其资金和技术都优越于顺兴铁工厂。然而，顺兴铁工厂仍在日本殖民当局和企业的夹缝中艰难地支撑着，并不断寻求新的发展途径。

1919 年，周文贵接办复州湾五湖嘴煤矿，更名为振兴煤矿公司。五湖嘴煤矿位于奉天省复县复州湾，距复县复州城 2 千米。陈嘉璟、刘俊二人在 1772 年各由户部领取龙票一份，获取复州五湖嘴煤矿采掘权。沙俄侵占旅大后，俄商伊阿逡士科于 1903 年以合办名义廉价获取采掘权。1912 年，国会议员马洋春联合绅士集资 20 万元，将采矿权由俄商处租回。1918 年，马洋春将大业公司转让与曲宗泰。1919 年，周文贵以振兴公司的名义，用十余万元从俄商手中完全收回陈、刘龙票，重新测绘矿区，审领执照，购买机器，治理积水，增修至南海岸的双轨铁道，开展大规模开采挖掘。日产煤 600 吨左右，且煤质特优，供应大连、旅顺，同时远销天津、上海、汕头、镇江以及日本等地。1923 年振兴煤矿与日本八幡制铁所签订合同，每年供给其 3 万吨煤炭，每吨售价 12 元，货款对交。此外，又与日商裕和洋行签订包销合同，每年运往日本新潟等地 4 万吨。由此煤矿事业经营顺利，矿厂初具规模。但在运输上，“满铁”和日本殖民当局凭借对交通运输的控制，下令日商不许为振兴煤矿运输煤炭。迫不得已，周文贵只得设法

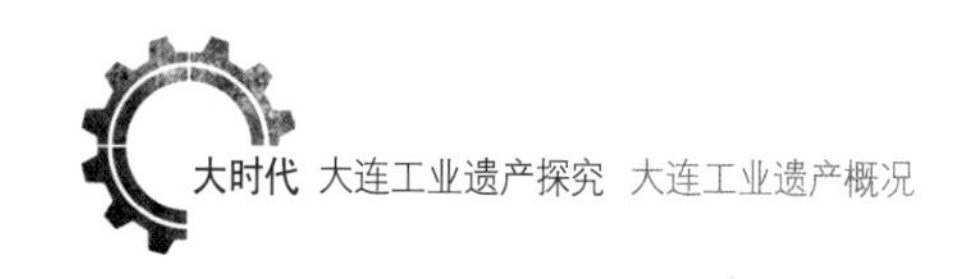


自己购置龙兴、华兴、良兴、海兴、保兴5艘货轮运输煤炭，这才解决了煤炭的运输问题。

1924年，周文贵又购买了抚顺阿金沟煤矿，任命徐凯庄为经理，聘请张贤才为总工程师。购置新式设备、填沙治水、增开矿道，采用新技术挖煤，日产量达300吨以上，获利甚丰。“满铁”抚顺煤矿公司意欲霸占，勾结“满铁”，拒绝为阿金沟煤矿运煤，迫使阿金沟煤矿大量存煤积压，资金周转困难，直至被迫停产，而大量存煤自燃起火。总计损失一百余万元。

1926年，周文贵又购买复州黏土矿一处，进行开采，颇有起色。复州湾黏土矿始建于辽金时期。1875年开始开采深层黏土。1887年，海军衙门用复州湾黏土制砖修筑旅顺口船坞。经营者与五湖嘴煤矿均为郑亲王府（济尔哈朗的子孙）家仆陈嘉璟、刘俊。1908年，日本曾派专人到复州湾黏土矿调查该矿资源，确认复州湾地区深部黏土矿床为世界稀有的优质耐火材料。因此日本窑业资本家企图抢占，唆使日本正金银行以货款关系意欲没收黏土矿，并勾结“满铁”铁路守备队以武装接收来威胁。周文贵誓死不屈，两次亲赴日本东京最高法院起诉，历经半年，终获胜诉，使日本窑业资本家和日本正金银行的阴谋破产。1927年，又与瓦房店裕和煤矿投资合作，购置新设备，大力经营。此时周家有固定资金900万元，已是东北矿业大户了。[1]

鼎盛时期顺兴铁工厂拥有抚顺煤矿、哈尔滨滨江振兴铁工厂、营口振兴铁工厂、复州五湖嘴振兴煤矿等多处产业。日本人惊呼：“周文贵可能造不出飞机，但他绝对能够制造出坦克，这样的人对我们日本威胁太大了。”

顺兴铁工厂虽然饱受日本殖民统治的限制、排挤和摧残而破产，但它的创业奋斗道路和民族精神，在中国民族资本发展史上留下了不朽的一页。周氏兄弟凭着超凡的智慧、过人的胆识以及坚决抵抗的决心维系着家族产业，不但在民族企业发展中与日本殖民统治进行顽强抗争，而且积极参加

[1] 郭铁椿、关捷主编《日本殖民统治大连四十年史》，社会科学文献出版社，2008年，第969页。

各种爱国斗争，这更使日本殖民当局对其痛恨无比。1915 年 5 月，北洋政府被迫签署卖国的“二十一条”，各界爱国人士纷纷发声提出抗议，全中国掀起了反对“二十一条”爱国抗日运动，哈尔滨各界人民也掀起声势浩大的反对“二十一条”游行示威活动，并响应北京、上海等地发起了爱国储金运动，成立了“爱国储金会”，开展了爱国募捐活动。正逢周文贵在哈尔滨参加江轮招标，周文贵“以振兴铁工厂代表资格，参加在哈尔滨同乐戏院举办的爱国储金运动大会，登台演讲，慷慨激昂，当场用刀砍断自己的无名指，血书‘储金救国，勿忘国耻’八字”，并“当众献金 3 万元，以作首倡”，从而“引起大众捐献热潮，不仅男子慷慨解囊，即一般妇女亦将耳环、戒指等饰物捐献”，从而掀起爱国储金抗日运动的高潮。周文贵反日储金救国的义举，令哈尔滨人民称赞不已。1917 年周文贵被推为哈尔滨商会会长。1920 年，大连中华青年会成立，周文富担任董事。1924 年，周文富

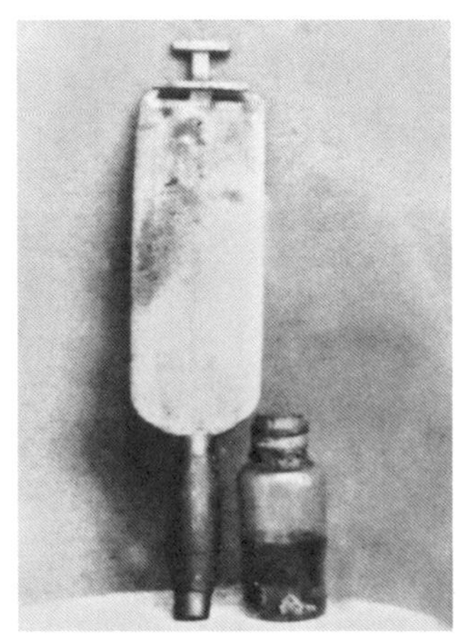

左：断指后的周文贵

右：周文贵断指用刀和断指（瓶内）

担任小岗子华商公议会副会长。

周氏兄弟素有“周善人”之称，在家乡旅顺和大连，乃至东北是有名的慈善家。“生平乐善好施，见义勇为，每逢灾荒之岁，必舍米施衣，尽力以赈济之。凡鳏寡孤独有求于氏者，无不慨解义囊，予以援助。故四方之沾其泽者，不可胜数，远近感德者，有口皆碑”。“其赈济贫民之事，每年所费恒在万元之上”。

在周家产业兴盛之时的1914、1920和1925年，旅顺地区连遭自然灾害，加上日本殖民当局横征暴敛、草菅人命，一时间路见饿殍、民不聊生。周氏兄弟出资十余万元大洋，从东北腹地购买玉米、高粱等粮食，共装车厢28节，由铁路运到旅顺，逐户按人口赈济旅顺方家村、水师营、王家店、营城子等地受灾人民。同时，周氏兄弟每年冬季还给大连宏济善堂救助的孤寡老人和孤儿捐款。至今旅顺、大连老一辈人还记得周家的恩德，他们告诉下一辈子孙，永远不忘周家炉。

周氏兄弟还在大连开设“庇寒所”、“施粥场”，以救助、赈济难民。1926年，周氏兄弟在大连设“庇寒所”，屋内建对面火炕，并捐助煤炭取暖，以供从山东到东北逃荒路过大连无家可归者暂住。所内设“施粥场”，有时一天中到“施粥场”食粥者就达1600余人。另据《泰东日报》1927年3月27日载:“最近鉴于由大连徒步北上之山东难民，行至金州城北三十里堡一带，因人家稀少，索讨无门，入夜多依栖于露天，情极可怜”。“周氏兄弟乃大发慈悲之念，购定芦席，建设临时难民宿泊所，兼施舍粥饭，以减难民冻饿之苦”。

周文贵出身贫寒，少年辍学，深感文化学习之重要。因此，他对才智

上：1920年，周文富、周文贵为旅顺营城子等各村人民发放赈灾粮。
中：1920年，周文富、周文贵为旅顺水师营等各村人民发放赈灾粮。
下：1920年，周文富、周文贵为旅顺王家店等各村人民发放赈灾粮。

出众又无力升学者，常给予经济资助。经他资助去日本或去美国留学的学生先后有瞿夫仁、苗剑秋、于连瑛、王秉锋、丁文渤等十余人。1918年，周文贵与周恩来的同窗邓洁民一起开办滨江东华学校（今哈尔滨第二中学），东华学校在中国共产党发展史上做出过很多贡献，周恩来、张太雷、马骏等中共历史上的重要人物曾在此进行革命活动，张太雷和马骏还曾下榻于此。

1928年，52岁的周文贵自大连乘舢板船去复州湾煤矿，路过金州城北三十里堡西海时，遭遇狂风，不幸遇难。这时，顺兴铁工厂和振兴煤矿的营业已大不如前，乃至文贵噩耗传开，各债权人纷纷前来讨债。其兄周文富实在难以应付，在困境中勉强维持。而“满铁”乘机企图低价收购周家的厂矿，周文富毅然将振兴煤矿及所属各矿矿权，以200万元代价让度予辽宁矿务局，改名“复州湾煤矿公司”，局总办王正黻主持经营，收购款由张学良组织，借用东三省教育基金和银行投资。

周文贵的葬礼十分隆重，出殡当天万人空巷，到小岗子周家大院前来送葬的有两万多人，大连到旅顺道路两旁聚集着许多送葬的人，旅顺街道都被阻塞，痛哭之声从大连传到旅顺。

在日本殖民当局的打压下，顺兴铁工厂宣告破产。至此，由一个小小的周家炉发展成为东北第一流的千人以上的大型工厂，瞬息之间烟消云散。

1931年，周文富抑郁而终，享年57岁。自此，东北最大的民族企业——顺兴铁工厂，像一叶轻舟淹没在殖民统治的狂涛浊浪中。

顺兴铁工厂保存如今的遗迹主要有：周文富旧居位于大连市旅顺口区市场街道长春街23号。原为周家老宅，现为长兴社区办公址。为二层砖石混凝土欧式建筑，占地面积214平方米。经过世纪风雨的洗礼，虽然故居的鼎盛繁华早已不在，但它仍然向人们述说着周氏兄弟的铮铮铁骨和忧国忧民的民族气节。而周家为当地百姓修葺的这口水井，依然清漪粼粼、泽被苍生。

周氏兄弟是大连铁工业重要的创始人之一，他们创立的铁工厂，堪称大连

周文富旧居，现为旅顺长兴社区办公楼。

周家大院水井

周文贵故居，位于大连市旅顺口区登峰街道和顺街45号。原为周文贵所建和居住，后开设洪光医院，现为中国检察博物馆大连分馆，为二层砖石混凝土欧式建筑，主楼占地面积306平方米，门前右侧有门房。

民族工业的源头，被誉为东北地区民族工业的起点之一。综观顺兴铁工厂的兴衰，当铁工厂规模扩大、生产发展迅速后，尤其是到1917年铁匠炉发展成为与“满铁”沙河口工厂、川崎株式会社大连船渠鼎足而立的大连三大工厂时，超出日本殖民当局政策和经济垄断的范围，使之感受到了威胁，以“满铁”为代表的日本经济侵略势力，在银行、商业、矿业、交通运输、机械制造等方面相互配合，形成强大的垄断集团，凭借雄厚的资本和先进的技术，以及专制性质的政治统治，千方百计地限制、摧残、压迫顺兴铁工厂。也就是说日本殖民统治大连时期，根本不允许中国人的民族工业有所发展，他们实行技术封锁、垄断，华人的工业只能作为附庸和补充。

顺兴铁工厂在当时无论是在生产技术方面，还是在生产规模方面，都可与日资的大型铁工厂抗衡。他们所生产的油坊所需的成套机器设备、矿山应用机器以及电接焊、瓦斯焊等焊接技术方面，亦可称得上起到"近代机器工业先驱者的作用"。[1]

顺兴铁工厂还为全国各地培养了大批的技术工人和技术人员。"到1926年时，顺兴铁工厂的工人有57120多人"[2]直到工厂关闭解散时，工人总数在4000名左右，其中技术工人达近3000名，这些技术工人主要分布在大连、鞍山、营口、沈阳、铁岭、开原、四平、长春、吉林、哈尔滨、齐齐哈尔等东北各地，在天津、青岛、海州、湘潭等关内的工厂也有其技术工人。可以说这部分技术力量对东北及其地方近代工业的发展起了一定的推动作用。

顺兴铁工厂在20年的创业中，不仅拥有大连顺兴铁工厂，还有营口大兴铁工厂、哈尔滨滨江振兴铁工厂、大连复州湾煤矿、抚顺阿金沟煤矿、大连复州陶土矿、瓦房店裕和煤矿等众多企业，在运输方面已经拥有海轮、火车、船坞、汽车。顺兴创制、推广通用机械，所涉及的是机械、造船、汽车、钢铁、煤炭、窑业等重工业领域，在半殖民地半封建的旧中国民族工业史上是难能可贵的。

如果说近代殖民时期形成的工业体系是大连现代工业的源流，那么散落在城市角落的民族工业就是大连现代工业体系的精神根脉、"海南丢"民族精神的化身。由周文富、周文贵兄弟创办的赫赫有名"周家炉"，堪称大连民族工业的源头，被誉为东北地区民族工业的起点之一。

---

[1] 顾明义等:《日本侵占旅大四十年史》，辽宁人民出版社，1991年，第414页。

[2] [日]筱崎嘉郎:《满洲工业情势》，大连商业会议所，1926年，第16~17页。

## 建新公司——新中国工业的第一块基石

1945 年 8 月 15 日 12 时，正午的阳光明亮、炽热。大连中央放送局的广播传出日本天皇颤抖的哀鸣，“日本宣布无条件投降了”。这一历史上的伟大时刻给大连人民带来的是欢欣鼓舞，是热血沸腾，是冬天过后的第一缕春天的温暖。1945 年 10 月中旬，韩光受中共中央东北局派遣，到大连秘密组建旅大地委，带领群众迅速恢复和发展工业生产，为大连成为共和国工业长子奠定了坚实的基础，同时也率先带来了共和国工业文明的春天。

位于辽东半岛最南端的大连、旅顺地区（以下简称旅大），地理位置和战略地位十分重要。抗日战争结束后，这里是国共两党争夺和控制东北的战略目标。1945年8月22日，苏联红军在中国人民武装力量的配合下解放了旅大，并根据《中苏友好同盟条约》的规定，对旅大地区实施军事管制，使美国和国民党无法染指旅大这一战略要地。中国共产党希望能够充分利用旅大地区的近代工业基础和海陆运输的便利条件，建立一个军需军工生产基地，使这里成为一个稳固的战略后方基地，对东北、华北和华东战场给予支援。为此，对中共旅大地委来说这是一项极其重要的任务。

当时，针对苏联政府对于东北的政策，时任中共中央东北局副书记的陈云是这样分析的："基本上包括两方面：一方面，把沈阳、长春、哈尔滨三大城市及长春铁路干线交给国民党；另一方面，援助我党在满洲力量的发展，保持远东和平和世界和平，是苏联这一政策的基本目的。某一时期由于国际国内条件的变动及斗争策略上的需要，苏联对于执行中苏协定的程度，对我援助的程度会有所变化，但苏联这些政策的本质是一贯的、不变的。"由此可见，旅大地区实际上是一个苏军军管，中国共产党领导的特殊解放区。

1945年末，八路军、新四军十万大军先于国民党军队进入东北。时值冬季，军队没有冬衣，更缺少弹药补给。为了解决这些问题，东北民主联军副司令员肖劲光先后两次亲自到大连调查，与时任山东兵工三厂厂长刘振分析当时战争局势，认为应当趁国民党进攻前，解决由北满往南满运送物资的困难。因此，在南满地区建立自己的兵工厂迫在眉睫。同时，肖劲光考虑在大连建立兵工厂，因为有苏联红军的掩护，就可以走海运支援华东地区。当时，正在大连搜集物资、弹药的刘振也向肖劲光汇报，他认为"大连建立军工生产的基本条件非常好，有化工厂可以生产火药原料，有钢铁厂可以供应钢材，还有机械厂雄厚的加工力量。解放前，日本在大连就组织过军火生产”。同时，遵照东北局的指示，旅大地委在建立初始，就明确要利用有利的地理条件和工业基础强的优势，支援东北、华东及各解放区的解放战争的工作任务。

经过调研，肖劲光与旅大地委一致认为，大连具备优越的军火生产条件，进而向中央提出了在大连进行兵工生产的建议。党中央对此高度重视，1946 年 11 月 13 日，朱德签署中央军委发给黎玉、张鼎丞、薄一波、邓子恢、聂荣臻等各个解放区领导人的电文：“大连负责同志来电如下：（一）大连没收工厂二百余家。（二）在兵工上有最新式设备，而且有数个能生产炮、机枪、步枪、弹药厂开工。（三）这里有大量的日本技术人员，如有得力干部来支持，三天后即可开始生产。（四）据以上情况，该地较有保障的制造枪弹，你们可派干部携带一部分资金前去该地开办兵工厂及生产医院设备作为营业生意，除自用外，各解放区可向其订货，随时可偷运。如何办理，由你们自定”。各解放区收到中央军委的电文后，迅速派干部到大连进行前期筹备工作。华中局在接到电文的第三天，即复电中央军委拟派顾准、李竹平两位同志前往大连。胶东军区派出刘振、吴学忱、于文祥等十余人再次赴大连。1946 年 12 月华东局派曹鲁、罗（芦）素平、李正（振）南等，华中局派吴屏周等，晋察冀派王金栋、高方启等人陆续从各解放区来到大连。

1946 年 11 月 25 日，刘振等人在中共旅大地委的领导下，以旅大公安总局的名义接管了大连机械厂。尽管日本投降后，大部分精密设备已被拆卸运走，使机械厂受损严重，但行业基础还未被摧毁，他们通过剖析从胶东带来的样弹，测定弹孔深浅、壁厚、内外径及尺寸公差后，绘制剖面图，修复装配受损机床，利用工厂积存的几千吨火车车轴为原料，试仿制日本七五式山炮弹弹体。从 1946 年底至 1947 年上半年，共生产了 3000 多发空弹体，运往胶东解放区兵工厂装填火药。

1947 年 3 月，中共华东局得到曹鲁同志的报告后，决定以大连作为炮弹生产基地。于是派朱毅带领60名干部到旅大组织筹建军工生产，支援解放战争。经华东局批准，与旅大地委协商，成立了华东财委驻大连工作委员会，朱毅任书记，李竹平、曹鲁、周嘉林、朱宏升等任委员。工委下设两个委员会：一是兵工委员会，对外称“大连建新工业公司”，负责军工生产，由朱毅和曹鲁负责（后朱毅任经理，谭光延任政委、曹鲁任秘书长），任务是筹建炮弹工厂及恢复为制造炮弹提供原材料的大华炼钢工厂及“满洲”化学工厂等；二是财贸委员会，采购战略军用物资、运输与对外贸易由李竹平、周嘉琳、高竞生等负责。

大连建新工业公司是规模庞大、现代化程度最高的大型兵工联合企业，包括裕华铁工厂、宏昌铁工厂、大连化学工厂（今大连化学工业公司）、大连机械工厂（今大连重型机器厂）、大连钢铁工厂（今东北特钢集团大连特殊钢有限公司）、大连制罐工厂（今大连橡胶塑料机械股份有限公司）等多家企业。大连建新工业公司每个工厂各有分工，裕华铁工厂生产弹体、弹壳；宏昌铁工厂生产引信；大连化学厂（原“满洲”化学工厂）生产硝酸、盐酸、硫酸等材料；大连金属制造厂、大连炼钢工厂生产炮弹钢、工具钢等材料；金家屯药厂生产发射火药；大橡塑生产炮弹箱、弹药箱。至此，建新工业公司形成初具规模的综合性军工生产基地。

建新工业公司在解放战争时期为东北、华北、华东解放战场生产供应了大批弹药和军需品，其中炮弹有五十余万发，炮弹引信八十余万个，无烟火药五千余吨，迫击炮一千二百余门。这些军用物资经海路越过国民党军队的封锁，源源不断地送到山东半岛东端俚岛的我军物资接运站，由山东支前大军的成百上千辆小推车运往前沿兵站。

在孟良崮战役和淮海战役中，我军发射的几十万发炮弹，大部分都是大连制造的。辽沈战役中使用的成百吨炸药，也是从大连运去的。1948年12月，华东野战军司令员陈毅同志曾亲自签发信件，向旅大地区党组织和人民表示勉励和感谢。副司令员粟裕同志还曾饱含深情地说，“华东的解放，特别是淮海战役的胜利，离不开山东民工的小推车和大连生产的大炮弹。”的确，当年大连的军工生产，在我党我军的兵工史上，占有光荣的一页，

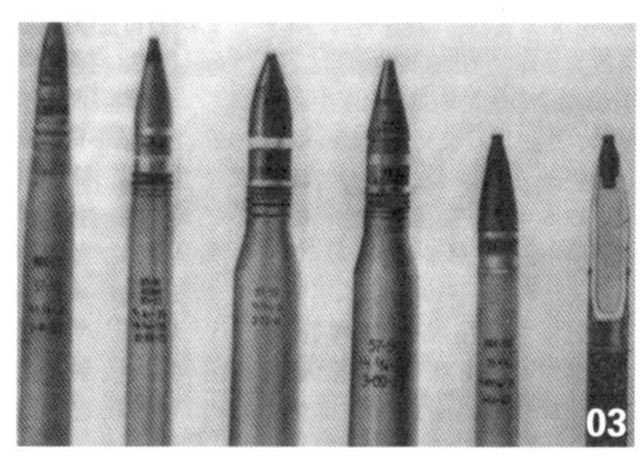

01. 建新工业公司生产的炮弹
02. 建新工业公司生产的迫击炮
03. 建新工业公司生产的各种型号炮弹产品
04. 五二三厂生产的炮弹底火和引信
05. 建新工业公司生产车间
06. 建新工业公司军工生产用车床

上：建新工业公司所属裕华工厂炮弹壳磨光车间（五二三厂装配车间）

中：建新工业公司所属裕华工厂炮弹壳磨光车间（五二三厂装配车间）内部

下：炮弹等军工产品经建新工业公司厂区铁路和码头运往解放战争战场

01

02

为新中国的建立做出了不可磨灭的贡献。

1947年5月12日，军工委员会派原华中军区军械处政委吴屏周秘密建立炮弹生产工厂，取名裕华铁工厂。紧接着，1947年6月初，军工委员会派原华中局军械处副处长兼炮弹厂厂长吴运铎率领干部和技术人员，在大连甘井子老虎牙，建立为炮弹配套的引爆装置工厂——宏昌铁工厂。

在大连市区东北方向，距市区20公里的偏僻地方，当地的人们称它为龙头山。这里三面临海，一个山头伸向海里，从远处眺望，很像一个龙头卧于水面，龙头山由此而得名。

那时的龙头山下，地处偏僻，方圆几里地没有人家，野草有一人多高。1947年5、6月，裕华、宏昌两铁工厂率先在这里建立，筑起了共和国工业的第一块基石。当时由于国民党封锁大连，职工的吃、穿、住、行都十分艰苦，用水靠驴车到几里外的地方去拉，吃的是窝窝头和咸菜。干部去市区开会，往返都是徒步行走。就在这种物质条件十分匮乏情况下，仅用不到3个月的时间，大家就试制出解放战争急需的后膛炮弹——七五山炮弹。

01. 五二三厂一车间内部

02. 五二三厂一车间

03. 五二三厂炮弹车间

04. 宏昌铁工厂厂房（五二三厂翻砂车间模具库）

05. 五二三厂俱乐部

吴屏周、吴运铎是杰出的代表。1947年9月23日，为了改进炮弹生产技术，试验炮弹的性能威力，裕华铁工厂厂长吴屏周、宏昌铁工厂厂长吴运铎亲自带人进行爆炸试验。由于当时条件艰苦，没有大炮试射，只能用土办法试验。先在地上挖了一个坑，把炮弹埋在坑里，上面再压上重石块。在炮弹上安上个撞针，撞针上拉一条绳子，人站在很远的地方拉绳子，撞针撞击信管，引爆炮弹。

第1发炮弹爆炸了，第2发炮弹爆炸了，第3发炮弹经吴运铎排除障碍也爆炸了。听到这阵阵雷鸣般的爆炸声，同志们都高兴地跳了起来。这是大家几个月来辛勤劳动的成果。可是第7发炮弹却没有爆炸，同志们的心情突然紧张起来，焦急地观察着动静，时间一分一秒地过去了……吴屏周同志向埋弹地点跑去察看，吴运铎也跟着跑过去，就在此时，炮弹突然爆炸了。年仅31岁的吴屏周，当场以身殉职。人们将吴屏周安葬在这依山傍海、松柏青翠、庄严肃穆的工厂烈士陵园，墓碑背面镌刻的“山霞千古存浩气，海啸朝夕慰英灵”的对联，表达了人们的心声。他们用生命和鲜血铸就了共和国工业文明的脊梁。

在这次炮弹试验中，吴运铎第3次身负重伤，右腿被炸伤致残。由于浑身是伤，手术在无法麻醉的情况下进行，吴运铎同志以极大的毅力与伤痛做斗争，咬紧牙关不喊一声，几次昏死过去，深深地打动着医务人员。在伤势稍有好转的情况下，为了争取时间多工作，他在病床上如饥似渴地学习，信管的研制和图样就是在医院完成的。半年后伤势好转，他拄着拐杖回到工厂，又投入到支援解放战争的紧张生产中。

吴运铎作为我军兵工事业的开拓者，始终战斗在军工生产的第一线，在生产和研制武器弹药中多次负伤，先后做过二十多次手术。他克服艰辛，将自己的亲身经历撰写成《把一切献给党》，把忠诚献给了祖国最伟大的事业，被誉为“中国的保尔·柯察金”。他舍生忘死，毫不畏惧，以智慧和勇敢，战胜了一个又一个困难，书写一个又一个壮丽篇章。

解放战争三大战役结束后，人民解放战争取得了决定性的胜利。1949年6

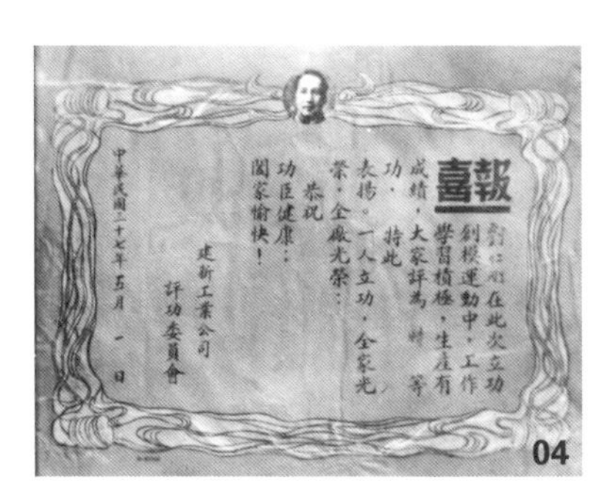

喜報

劉仁剛在此次立功
劉模運動中，工作
學習積極，生產有
成績，大家評為特等
功，特此
表揚。一人立功，全家光
榮，全廠光榮！
恭祝
功臣健康！
闔家愉快！

建新工業公司
評功委員會

中華民國三十七年五月一日

奬狀

劉仁剛同志
在生產立功運動中
成績優良，經評定
為大功壹個，特給
奬狀以資紀念

建新工業公司

01. 吴屏周

02. 吴运铎

03. 五二三厂烈士墓

04. 1948 年建新工业公司颁发给职工刘仁刚的特等功喜报

05. 1949 年建新工业公司颁发给职工刘仁钢的奖状

06. 建新工业公司劳模奖章

月，中央军委以“保留必要者，提高质量、节省经费，以利恢复与发展人民经济”为原则，决定减少武器弹药的生产。建新工业公司开始向民品生产转型。根据生产需求，建新工业公司接受了部分新厂，且重新对公司所属工厂企业进行适当调整。调整后的建新工业公司共有大连机械工厂、大连制罐工厂、大连炼钢工厂、大连化学工厂、裕华铁工厂及宏昌铁工厂 6 个工厂，职工 7521 人。同年 12 月，建新工业公司经理张珍在公司召开的中共第一届党代会上，提出“由军火生产转为和平生产，由一切生产为支援前线，为战争胜利，而转为和平工业建设，为国家为人民生产更多财富”的方针。

1950 年初，东北军工部改为东北工业部军工局，建新工业公司所属各工厂亦划归东北工业部各专业局领导。此时，裕华和宏昌两厂归属东北工业部军工局领导。同年 5 月，两厂停产，部分技术工人支援其他厂矿生产建设，部分工人调到建新公司技校学习，生产设备大部分封存。1950 年 6 月，朝鲜战争爆发。9 月，宏昌铁工厂合并到裕华铁工厂，建新工业公司改为东北军区军工部第八一工厂，赵俊任厂长，隶属东北兵工总局领导。八一工厂逐步转向和平生产，先后生产了镀锌铁丝、铁钉、木螺丝、锉刀、耐酸泵和耐酸器材，硬质合金、锅炉等民用产品。

从 1950 年 9 月复工起至 1951 年底，八一工厂仅用 15 个月的时间，生产了 4 种规格的炮弹 30.19 余万发，冲发枪 300 支，90 火箭炮 2.71 万余发，炸药包 8432 箱，及时运往朝鲜战场，支援抗美援朝战争。

东北军工部撤销后，八一工厂改称国营五二三工厂。翌年，划归中央第二机械工业部（职能为兵器、坦克、航空工业）领导，1959 年又划归新二机部（职能为核工业和核武器）领导。此后国营五二三工厂进入社会主义经济建设的新时期。至 1990 年该厂有从业人员 5459 人，其中工程技术人员 373 人。固定资产原值 1.39 亿元。当年工业总产值 1.27 亿元，其中民用品产值8207万元。1990年该厂生产2.8兆瓦热水锅炉和其他型号锅炉55台，斯太尔和其他牌号槽车103台，还生产石油、化工机械等专用设备。出口供货值888万元。该厂曾参加全国第一台受控热核聚变实验的研制和安装。该厂与一些工业发达国家的厂商建立了管道输煤，核电站、工业锅炉、通风设备，机械制造，拆船等行业的技术合作关系。

如今，当年记录着辉煌历史和英雄人物的老厂房、老设备已不复存在。但在鲜血与生命铸就的共和国工业文明的丰碑上，永远铭刻着他们光辉的形象和不朽的英名。

## 瓦轴——中国最大的轴承基地

历史上，她是中国轴承工业的摇篮，是共和国的功勋企业；现如今，她是中国最大的轴承基地，轴承工业的排头兵，创造了无数个中国第一，中国第一套核工业轴承、第一套坦克诱导轮轴承、第一套铁路货车无轴箱轴承、第一套大型跟踪望远镜轴承、第一套2050轧机国产化轴承……

1937年卢沟桥事变后，日本在中国东北大规模建立工厂。1938年3月26日，由日本东洋（NTN）轴承制造株式会社通过日本资本家和与社会财团合资，开始筹建“满洲轴承制造株式会社”。同年4月，厂方在瓦房店北郊德华区占民田27617平方米，直接投资200万日元，于1938年10月23日破土动工，由日本福昌建筑公司承建，1940年1月厂房主体工程竣工并开始投入生产。当时，工厂只生产轴承套圈、滚子、并进行轴承装配，而保持架和钢球等配件则由东洋（NTN）轴承制造株式会社从日本国内供给。

建厂初期，工厂里的机床多数从日本东洋（NTN）轴承制造株式会社运来的旧设备。车床全是笨重的轴杠皮带床，内外沟磨床虽然是单机传动，但大部分十分陈旧。1941年后陆续从日本国内运进一批较好的设备，有单机传动车床、有5台从美国进口的平面磨床，其他设备大部分是日本国内生产的内外沟磨床以及其他油压设备。

1938年10月20日正在建厂时的情景

01. 日本统治时期建厂初期厂房内部

02. 日本统治时期建厂时拉运设备情景

03. 日本统治时期建厂初期正在建设的厂房

04. 日本统治时期建厂初期的厂区

1945 年 10 月 7 日，东北人民自卫军四支队三团进驻瓦房店，成立了复县人民政府，瓦房店获得了解放。工厂改称“辽东铁工厂”。根据战时的需要，由轴承生产转为枪械修理和手榴弹制造。

为了支援东北人民解放战争，作为辽南解放区唯一的一家较大的机械加工厂——“辽东铁工厂”，担负着繁重的枪械修理任务。工人们克服了技术不熟练、专业设备缺乏、原材料不足等困难，发挥集体智慧，昼夜奋战，及时抢修从前线运下来的破损步枪、机枪、六〇炮等武器装备，为支援东北人民解放战争做出了贡献。

1945 年 12 月初，国民党军队进犯。为了阻击敌人的进攻，前方急需手榴弹。工厂又奉命承担手榴弹制造任务，成立了手榴弹制造部。上级要求不惜一切代价，在较短时间内试制出手榴弹，并进行批量生产。职工们尽管不懂手榴弹制造技术，但在聘请的手榴弹制造技师的指导下，边研究边学，终于在较短时间内试验成功，并开始小批量试生产。接着，他们又多次改进，大胆试验，采用安全装置，将人工装配改为机械装配，利用压力机一次成型，使手榴弹制造日产量由 30 枚提高到 800 枚，有力地支援了东北人民解放战争。

1947 年末，人民解放军急需大量的军用物资，特别是畜力胶轮大车用的轴承。工厂接受了生产 6310 型号轴承任务以后，立即发动职工克服原材料不足等各种困难，圆满地完成了生产和修复轴承的任务，从而保证了军需物资输送任务的完成。与此同时，在辽沈战役中，针对部队急需六〇炮炮座，职工们克服了一无图纸、二无合适的原材料以及设备等困难，经过反复试验，终于成功地制造出一批六〇炮炮座，在解放辽阳、鞍山等战役中发挥了重要作用。

据《东北日报》1949 年 1 月 18 日报道：滚珠工厂（当时工厂已更名为“瓦房店滚珠轴承厂”）一年间（1948 年）生产了各种机械零件、滚珠等共

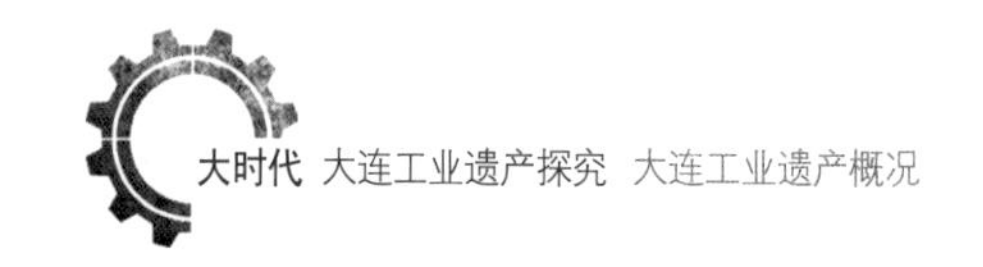


达34万件，对内修复了各种机器83台，增添职工140人，建设轻便铁道400米，新建了两个机械分厂、一个铆工场、一座大型熔铁炉。研制出了瓦房店纺织厂用的精纺锭子，军用某种精密零件，滚珠、保持器等精密机械，克服了原材料、设备上、技术上等种种困难，支援了解放战争，出色地完成了生产任务。

1949年，东北各厂矿都在迅速恢复生产，轴承需求量急剧增加。为了生产更多的轴承支援同家建设，工厂开展了“新纪录运动”，极大地鼓舞了工人的干劲。当年提前15天完成了138000套全年轴承生产任务，全面提前完成了上级下达的生产计划。

新中国成立前夕，瓦轴作为当时中国唯一的轴承厂，面临着许多困难。为了解决国家急需，瓦轴工人毅然承担起发展中国轴承工业的重担。职工们奋发图强，自力更生，制造出第一套国产工业轴承。早在1948年3月，工厂为解决生产急需，曾组织采用铁锤打出保持架的毛坯，然后用锉刀一点一点地加工成型。这种加工方法劳动强度大，生产效率低，产品质量差，成本费用高。因此，必须改进方法加速研究保持架的新工艺。工厂专门成立了技术研究会。经过技术人员、工人、干部共同努力，反复试验，先后攻破了材料和工艺加工等一道道难关，终于在1948年11月中旬试验成功筐形保持架。对此，《辽南日报》于1948年12月15日以“滚珠制造业的新贡献——保持架试验成功”为题专门作了报道。筐形保持架的试制成功，使工人、干部受到极大的鼓舞。工厂决定加紧攻克浪形保持架，富有多年机械加工经验的技师和老工人经过4个多月的反复设计、反复试验，第一批1482组浪形保持架于1949年9月在瓦轴诞生。

接下来就是攻克钢球的任务。由于此前根本没有生产过钢球，工人们对钢球生产的技术工艺几乎一无所知。工厂领导和全厂职工都清醒地认识到，能否制造出钢球不仅关系到当前生产任务的完成，更直接关系到工厂的前途和命运。为此，工厂党组织号召全厂职工，发扬艰苦奋斗的革命精神，在较短的时间内，研制出中国自产的钢球。共产党员宋世发，凭着多年从事轴承生产积累的丰富实践经验，和金德源等同志一起，勇敢地接受了钢球研制任务。他们到处查找有关钢球制造技术的资料，反复琢磨加工原理。反复试验，终于使钢球初步成型。但是，钢球的圆度总是达不到使用标准。后来，他们从儿童用手搓泥球的玩耍中得到启发，制作了磨球板，摸索到了三点接触磨削的原理，经过几十次试验，终于在 1949 年 8 月成功的试制出中国自产的第一粒钢球。尽管钢球的光洁度和硬度都不如当今的质量，但这毕竟是中国轴承工人自己制造出来的国产钢球。

1949 年 9 月，以“610”为代表型号的中国国产的第一套工业轴承在瓦房店滚珠轴承厂诞生，向新中国的成立献上一份厚礼。瓦轴工人、工程技术人员和干部自力更生，奋发图强研制出钢球、保持架，进而制造出全部国产化的工业轴承，结束了中国不能独立生产轴承的历史，为独立自主、自力更生发展中国轴承工业做出了重要贡献。

建国后瓦轴历经多次改扩建，广大工人、干部和技术人员，根据国家需要，抓住有利时机，大胆采用新技术、新工艺，积极推动标准化，先后试制成功铁路机车轴承、轧钢设备用的双列圆锥滚子轴承、重型机械和石油工业用的中型球面滚子轴承及推力轴承、中国第一套核工业轴承等，研制生产多种国防工业轴承，填补了国家空白。

2012 年 11 月 23 日，我国首次舰载机阻拦着舰取得成功，实现了我国舰载战斗机形成战斗能力的新突破。在阻拦着舰过程中，有一个至关重要的环节，就是挂阻拦锁，用于将舰载机高速拦停，阻拦锁被称为舰载机名副其实的生命线。作为这条生命线的重要组成部分，阻拦锁两端的高速大载荷轴承，由瓦房店轴承集团有限公司用三年时间自主研发成功，填补了该类轴承的国内空白。

在一个个中国“第一”的背后，是这些大连产业工人比铁还硬的自强精神，精益求精的工匠精神，勇于突破闯新路的创新精神，燃烧自己为企业的奉献精神，这是他们用智慧和业绩凝聚出的优异品格和城市基因。

01. 20 世纪 50~60 年代瓦轴工人滚珠生产情景

02. 20 世纪 50~60 年代瓦轴工人生产情景

03. 20 世纪 50 年代瓦轴工人在装配轴承

04. 碾环机和自动化装置设计者隋宪尊工程师

05. 20 世纪 50~60 年代瓦轴工人报喜情景

06. 20 世纪 50~60 年代瓦轴工人学习情景

07. 20 世纪 50~60 年代瓦轴工人生产情景

08. 全国劳模宋世发在试制我国自制第一批钢球

09. 全国劳模侯长江带领班组大搞技术革新

上：1959年车工车间实现大兵团联合技术表演赛班产万套留念

下：机械局十四厂瓦分厂（瓦轴）第一车间在生产中合影

01. 20 世纪 50~60 年代瓦轴工厂厂房

02. 20 世纪 50~60 年代瓦轴工人看生产捷报情景

03. 1956 年厂领导与苏联客人在厂正门合影

04. 始建于 20 世纪 30 年代的大连瓦轴集团办公楼

05. 建于 20 世纪 60 年代的大连瓦轴集团体育中心

## 大橡塑——中国橡塑机械制造业的排头兵

大工业给城市人带来了自信，一种气魄和豪迈，一种情怀和感情无法割舍地渗透到心中和血脉中。这是优秀的传统工业文明带来的独特优势心理。作为中国橡塑机械制造业的排头兵，大连橡胶塑料机械厂经过几十年的努力，到 1990 年末，大橡塑成为全国行业翘楚，产量占全国总量的十分之一，生产水平及技术性能均为国内领先，在国内外享有盛名。

大连橡胶塑料机械股份有限公司位于大连市甘井子区周水子广场1号，其前身是大连铁工所、安治川铁工厂旧址。1907年7月，日本人小田切寿丰出资建立大连铁工所，1942年迁到现址周水子。1933年11月，安治川铁工厂开业，厂长富田荒太郎，厂址与大连铁工所相邻。1945年8月25日，由苏联红军接管，并将两厂合并改名为大连汽锅（制罐）工厂。

上：设备大修车间，建于20世纪30年代，原为大连铁工所旋床工场。

下：设备大修车间内部

1947年7月1日，大连建新公司接收该厂，并更改厂名为大连制罐工厂，为军工企业，主要生产炮弹壳、装弹箱、军用铁锹、桥梁架等，还有民用各式锅炉。在解放战争时期，工厂充分发挥了机械加工厂的优势，为大连化学工厂生产炮弹、无烟火药提供各种锅炉、耐酸泵、耐酸管材、压延机、水压机等主要生产装备。同时还为华北、华东战场制作近万个炮弹箱、弹药箱，为支援解放战争做出重要贡献。

热处理车间，建于20世纪30年代，原为大连铁工所铸物工场。1956年改为热处理车间，现为库房。上图为车间外景，下图为车间内景。

01. 大连安治川组铁工厂南柜帐房，建于20世纪30年代，现为工厂安环处。

02. 大连安治川组铁工厂钻床和大炉厂房，建于1933年，现为仓库。

03. 原大连铁工所仕上工场内，建于20世纪30年代，现为电控柜生产车间。

04. 日本陆军后勤部418部队周水子锅炉附件库，建于20世纪30年代，现为设备零件库。

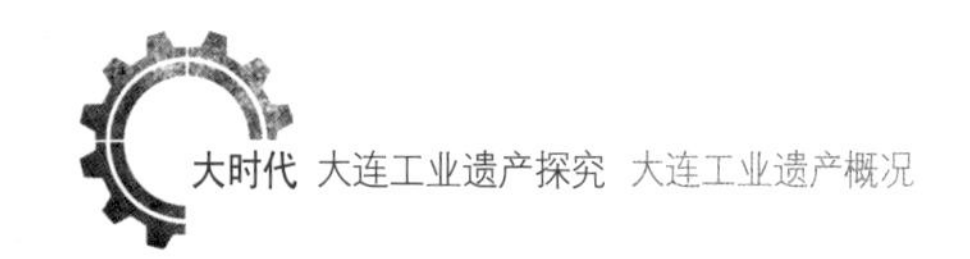


大工业给城市人带来了自信，一种气魄和豪迈，一种情怀和感情无法割舍地渗透到心中和血脉中。这是优秀的传统工业文明带来的独特优势心理。在整个计划经济时代，大连作为共和国老工业基地之一，一直得到国家各项政策的大力扶持，其中一项最主要的内容，就是大学毕业生的分配上，优先考虑大连国有企业需要，一大批当时并不多见的接受过高等教育的大学毕业生，融入我们这座有着工业传统的城市，很快成为各企业的骨干力量。据档案记载，1949 年解放后的十多年间，东北招聘团先后多次赴南方招聘高级工程技术人员，先后有上千人长途跋涉来到大连，在不同的岗位默默奉献。他们是这座城市处新中国成立以来的第一批技术移民，这片黄渤两海相拥的土地迎接春天的使者，是大连城市发展的强劲动力。

大连通用机器厂（大橡塑前身）生产的国内第一台橡胶密炼机

1949年10月，改名为大连锅炉厂。朝鲜战争初期，为修复志愿军运输线，该厂仅用2个月时间就成功制造出2台12吨蒸汽压路机，当年就生产10台，并主动请战生产压路机，保障了志愿军运输线畅通，为抗美援朝的胜利做出了突出贡献。

左：支援抗美援朝生产的三轮蒸汽压路机及其标牌

右：大连通用机器厂（大橡塑前身）不断改善生产管理保证提前完成全年计划

01. 钳工职场工人忙忙碌碌抢进度

02. 职场工人正紧张工作

03. 为支援解放战争，建新公司大连制罐厂（大橡塑前身）积极恢复生产，为大化厂制造火药生产高压锅炉

04. 翻砂职场工人正热火朝天劳动

20世纪50年代到60年代，大连橡塑机厂由国家分配了大量的大学毕业生来厂建设，有北京化工学院、华南工学院、山东工学院，上海工学院，都是橡胶机械专业毕业。外地来的大学生在橡塑机厂占了绝大多数。因为大多是南方人，对大连的气候和环境一下子还不能适应，刚来的这些大学生们吃了不少苦头。当时的南方生活条件较好，而大连生活比较困难，特别是60年代，吃的是玉米面，有的大学生不适应，人都瘦了。

曾担任过大连橡塑机厂长的周礼乐，就是在1968年大学毕业后，按国家计划指令分配到大连的。但是这些大学生只要干起工作，他们就会全身心投入。20世纪50~60年代，国家要把大连橡塑机械制造行业搞上去，大连橡塑机厂这个解放前生产轧道机和炮弹箱的小企业，被确定为全国橡塑机械制造行业的龙头企业，可想而知，要实现这样的转变，需要付出多大的努力。周礼乐和他的同事们为此付出毕生的心血。

就是这样，这些新中国早期的外地大学生们，把大连当成了自己的第二故乡。怀着热爱事业、热爱大连的一颗心，把自己的一生献给了橡塑机，献给了大连，献给了这份事业。而在大连整个工业企业当中，像周礼乐这样的技术员为数众多。他们把自己融入到工人阶级当中，把智慧和汗水凝聚在一张张图纸上，浇铸到一件件新产品中，成为大连工业发展的决定力量。

在大连橡胶塑料机械股份有限公司的档案室里，保存着两张拍于半个世纪前的珍贵照片。一张是压路机制造成功后，厂领导和技术人员、主要生产工人的合影照；一张是“抗美援朝生产竞赛奖励大会”的场景照。两张照片的背后到底尘封着怎样的一段故事呢?

1950年6月25日，朝鲜战争爆发。刚成立不久的中华人民共和国毅然决定组建中国人民志愿军，并于10月19日雄赳赳气昂昂地跨过鸭绿江，进入朝鲜，拉开了波澜壮阔的“抗美援朝、保家卫国”战争帷幕。

朝鲜北部以山地和高原为主，当时大量被炸毁的公路、铁路和桥梁使

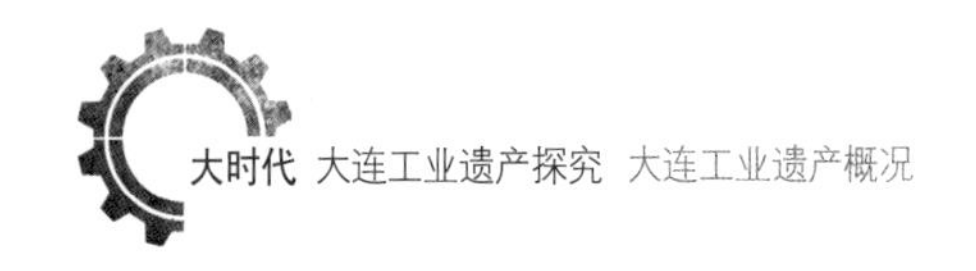


得中朝军队后方积压的大量武器弹药和粮食难以顺利地运抵前线。我军提出了"建设打不断、炸不烂的钢铁运输线"的战斗口号。但当务之急是缺少抢修道路的关键设备——压路机。最后这个任务历史地落到了这里。

消息传回工厂，工人们感到无比的激动和自豪，全厂上下一片沸腾。简陋的车间里机器轰鸣，机轮飞转，大家夜以继日地忘我工作。饿了就简单的吃口窝头咸菜，累了就打地铺睡在厂里，家就在工厂附近却十几天不曾回去一次。仅用两个月的时间，就设计制造出2台12吨蒸汽压路机，当年就生产10台，保障了我志愿军运输线畅通，为抗美援朝的胜利做出了突出贡献。

上：为抗美援朝生产压路机

下：抗美援朝生产竞赛奖励大会会场

## 大起——焦裕禄同志工作过的地方

大连起重机器厂工厂是我国历史最早、规模最大、技术先进的起重运输机械生产企业，是当代中国最大的起重运输机械设备研究、开发、制造中心和机电产品出口基地企业，享有中国起重机“摇篮”的美誉。

1948年11月5日，由金属构造厂（原日本启正特件品制作所大连工场）、联合工具厂（原若本制造所）、氧气珐琅厂（原大连机械制作所所属酸素工场）3个工厂组建，时称金属机械厂，厂址位于大连市沙河口区五一路97号。1953年9月1日被正式命名为大连起重机器厂。该厂1949年10月27日，研制成功的中国第1台5吨焊接箱形吊钩桥式起重机，结束了中国不能生产起重机的历史。20世纪50年代生产出中国第一台门式起重机——5吨门式起重机以及140吨铸造起重机。20世纪80年代制造出30.5吨铁路集装箱门式起重机，填补了中国铁路集装箱国际联运的空白。

左上：施工中的结构厂房

右上：大型焊装厂房正在施工

下：中苏领导和职工在第一台起重机前留影

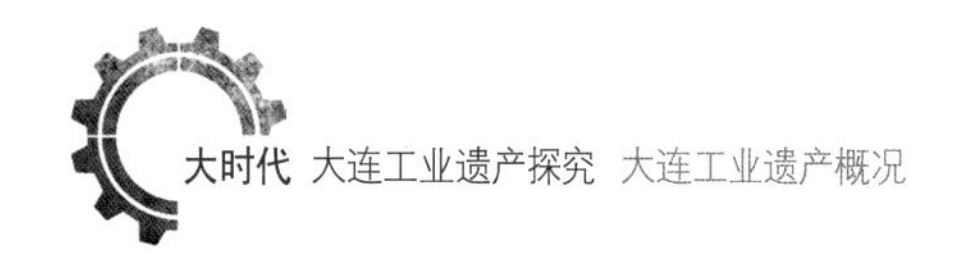


2014年8月，大连现代博物馆入藏一份珍贵的干部履历表，是焦裕禄于1955年8月10日在大连起重机器厂工作期间亲笔填写的。这份已经被保存60多年、业已泛黄的珍贵文物仍然让人激动不已。焦裕禄的这份履历表共有4页。当我们小心翼翼地一页页翻开，宛如与33岁的焦裕禄开始了一次隔空对话。泛黄的纸页上，是焦裕禄工整的字迹，好像能让人看得到当年的他一笔笔认真书写着自己的基本状况、生活状况、家庭状况、个人经历以及在来大连之前工作经历的情形。

焦裕禄为大家所熟知的，是他在河南省兰考县鞠躬尽瘁、死而后已的模范事迹。可是，焦裕禄在此之前的经历，很多人却并不清楚。这份泛黄的履历表共有4页，编号是铅笔写的58号，是由中央人民政府人事部制、中央人民政府第一机械工业部翻印、大连起重机器厂翻印的干部履历表，照片中的焦裕禄眉清目秀，目光炯炯有神，上衣兜还别了一支钢笔。与兰考县焦裕禄陵园墓碑上的照片相近，据推断为32岁时所照。“备注”一栏：按代培合同在大连起重机器厂代培两年。履历表的最后是填表日期：1955年8月

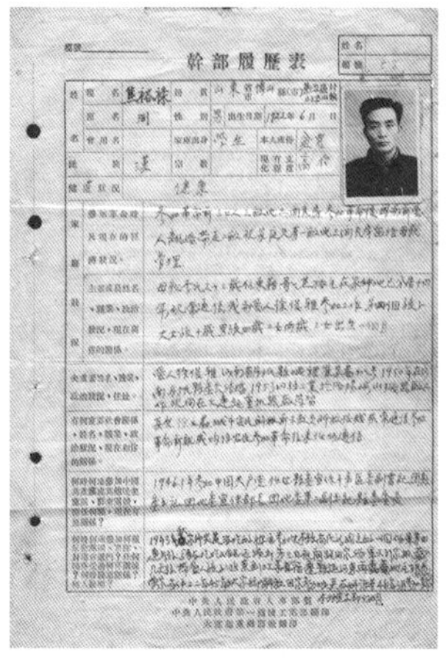
幹部履歷表

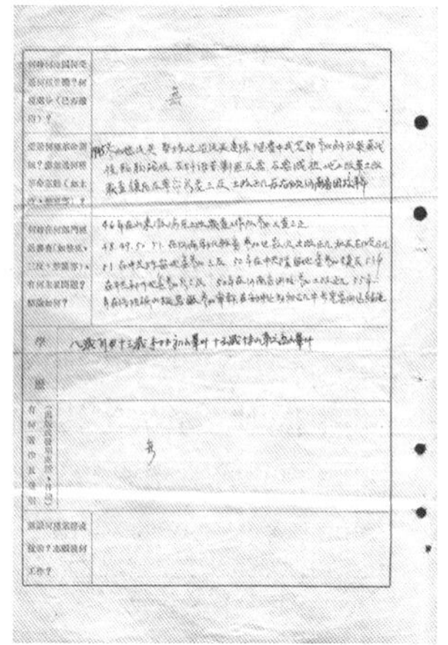

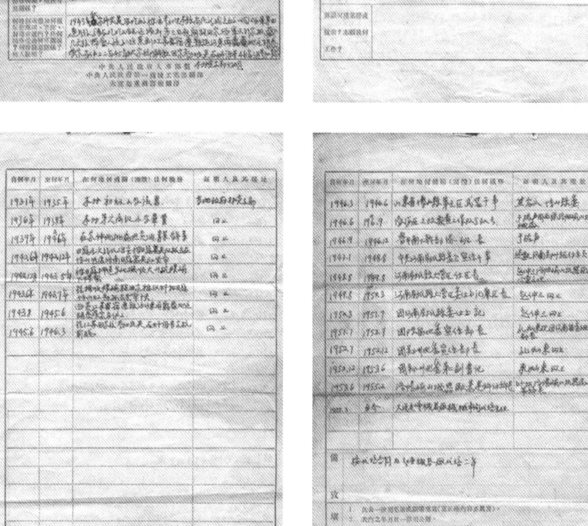

10日，焦裕禄签名及大连起重机器厂人事科的公章。在这份焦裕禄亲笔填写、文字工整的履历表中，我们能看出焦裕禄认真、踏实的工作态度和实事求是的工作作风。

1955年3月，焦裕禄来到了大连起重机器厂实习工作，任机械车间代培主任，1956年底，他奉调离开大连。这也是他工作生涯的重要时期，他密切联系群众、关心困难职工生活。他在大起工作了630天，比在兰考工作475天还长155天，因此大连也是焦裕禄精神的孕育地之一。

焦裕禄在大起期间，很少坐在办公室里指挥生产，整天在车间里转。有人问他："焦主任，你一天能跑多少路？"他回答："大约20华里。"1956年初，为实现过渡时期总路线提出的工业化战略目标，工厂生产任务猛增，生产定额必须随之提高。一部分人以设备、人力不足等理由反对新的生产计划。焦裕禄二话不说，一头扎进车间关键部位——减速机工段蹲点，研究生产工序、设备状况、工人操作等细节，找到提高生产定额的依据。在车间生产调度会上，他一一列举调查数据，提出完成生产任务的设想和措施，使许多人大为吃惊，纷纷表示回去以后认真摸底，重新安排生产任务。结果新的生产计划很快得以落实并圆满完成。

焦裕禄在减速机工段蹲点时，哪里艰苦他就出现在哪里，什么活脏累，他就干什么。大锤抡起来，几下子就震得膀子发酸，焦裕禄一干就是一天。清洗减速机又脏又累，没人愿意干。焦裕禄操起风带就干，生产紧张时，他干脆把行李搬到车间，同工人吃住在一起。工友们说：焦主任身上的油同咱们一样多，跟这样的领导干活，累死也情愿。焦裕禄发现拧螺丝抹甘油的活技术性不强，却占去减速机组装技工的近一半工时。他便与车间工会主席商量，组织科室人员去干这些力所能及的活，并开展劳动竞赛，相互促进。1956年夏，焦裕禄根据实践经验写出《论劳动竞赛的前方和后方》等理论联系实际的文章，阐述机关科室这个"后方"如何为生产第一线这个"前方"服务，车间基层干部怎样组织开展劳动竞赛等问题。这些文章刊登在大连起重机器厂厂报上，有力地指导了全厂生产。

焦裕禄到大连之前，对工业是门外汉。为担负起逐步实现国家工业化

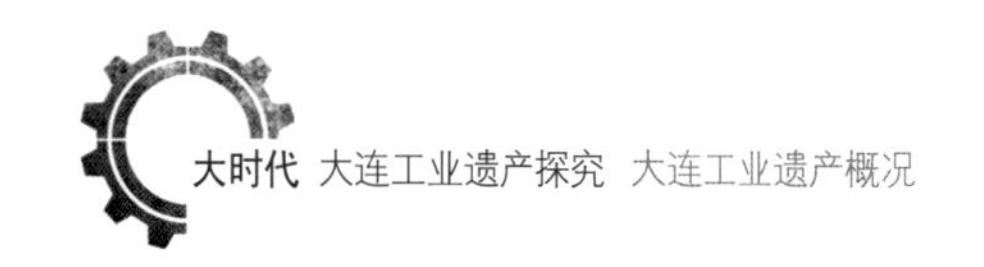


的重担，他白天在大连起重机器厂向工人学习实际操作，晚上到工厂独身宿舍向企业管理人员请教理论，还从老厂长梁芝田那里借来《关于车间作业计划》等业务书，刻苦研读。仅用半年多时间，他就掌握了通常需要三年才能掌握的企业管理知识，由工业生产的外行成为指挥生产的“行家里手”。他在大连起重机器厂工作不到两年，便被工人们誉为“全厂最棒的车间主任”。

焦裕禄多才多艺，能歌善舞，综合素质很高。他尤其擅长运用职工文体活动的形式开展思想政治工作，促进生产发展。他组织机械车间职工文艺宣传队排练节目，亲自拉二胡伴奏。精湛的表演，振奋了职工的积极性，焕发出全车间积极向上的精神风貌。车间副主任刘仁永一向态度严肃，没有笑脸，很多工人怕他。焦裕禄让他指挥职工文艺宣传队大合唱《没有共产党就没有新中国》，刘仁永说自己不会指挥，焦裕禄动员他：你是党员、干部，应该带这个头，并教给他如何指挥大合唱。在职工文艺演出大会上，刘仁永一上台，全车间工人的脸上都绽开笑容，歌声提高了工人们的工作热情，也密切了刘仁永与职工的联系，改善了他和群众的关系。

焦裕禄对基层干部十分爱护又严格要求，热心地帮助他们改正缺点，搞好工作。一次，他向一位工段长询问生产进度，这个工段长说的数字不准确。焦裕禄沉下脸，工段长知道自己错了，当即表示回去重查。从此，全车间干部都清楚该怎样向焦主任汇报工作，必须有确凿的数据，半点不能含糊。焦裕禄发现工段长杨家盛常对工人发脾气，便对杨家盛说：“为什么要对自己的阶级弟兄发脾气呢？干工作不能靠发脾气，要靠党的政策，要靠群众，要靠说服教育。”针对四工段的生产计划只有工段长和调度员知道，工人不知道的问题。他对杨家盛说：“你把计划交给工人讨论一下，他们心里有了底，就会想办法完成。你一个脑袋，怎么能抵上几十个脑袋？”在焦裕禄的帮助下，杨家盛树立起群众观点，克服了经常对工人发脾气的

上：1956年7月22日焦裕禄（中排左四）在大连起重机器厂机械车间工人文艺组合影

下：1956年9月9日焦裕禄（前排左三）与大起机械车间欢送援建内地三名工人的合影

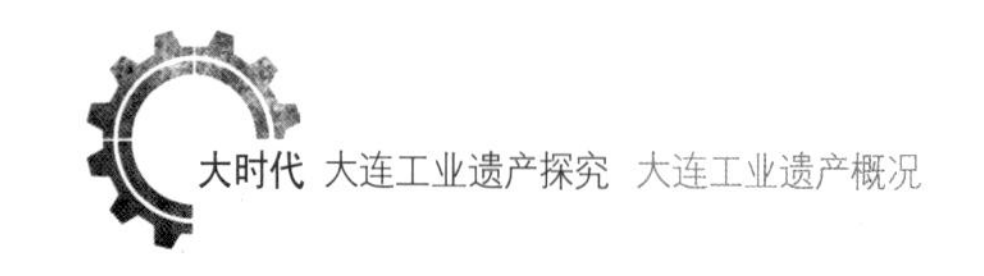


缺点，学会了民主管理班组的工作方法，使全车间最薄弱的四工段变成经常受表扬的工段。

焦裕禄严格要求基层干部，更严于律己。1956 年，大连起重机器厂职工 90% 上调一级工资。依据条件，焦裕禄在晋级之列，机械车间上报的晋级名单上有他。焦裕禄却恳求领导说："我是来实习的，这级工资不该涨，应该让给别的同志。"车间领导劝说他："你的档案关系在这里，工作做得不错，怎么就不该涨。"焦裕禄急了，跑去找厂长，陈述种种理由，结果如他所愿，工资不高的焦裕禄没有涨这一级工资。

"他心里装着工人，唯独没有自己的事。"焦裕禄无微不至地关怀工人，体贴工人，和工人心连心。冬天，他担心工友们在机床旁着凉，便找来炉子给大家生火；担心夜班工友吃凉饭伤胃，便与食堂联系，把热乎乎的饭菜送到机床前。他常常白班劳累一天，晚班又陪工友大半夜，工友们亲切地称他是"夜班主任"。

1955 年冬，女工李培娥休完产假上夜班。工厂没有托儿所，她便把孩子放在车间工具室的一个木箱里。焦裕禄知道后，便与工厂联系解决夜班托儿所的问题，一时未能实现。一次，李培娥去给孩子喂奶，却不见了孩子，慌了神。工友告诉她：焦主任在给你看孩子。她跑到车间办公室门外，隔着窗户看见焦裕禄正在办公，孩子睡在办公桌上，身上盖着焦裕禄的棉衣，睡得正香甜。李培娥禁不住流下热泪。焦裕禄对李培娥说："工具室里冷，又不卫生，孩子放在那里不行，以后你干夜班，就把孩子送到我这里。这屋子又暖和又安静。"在很长一段时间里，每逢李培娥上夜班，焦裕禄便不顾一天的劳累当起"保姆"。李培娥活忙脱不开身时，焦裕禄就冲奶粉喂孩子。孩子尿了，他就给孩子换尿布，再把孩子哄睡。

焦裕禄对全车间 500 多名职工的思想、工作、生活情况都掌握得一清二楚，哪个工人是几口之家他都能说出来。采购员潘凤友把爱人从黑龙江省接到大连后，工厂一时没有房子分给他。焦裕禄与他素不相识，又不在一个车间工作，但得知情况后，焦裕禄主动把自己住的两间屋子腾出一大间，让给潘凤友住。晚上，潘凤友看到焦裕禄一家老少7口人挤在一间12平方米的屋子里，孩子睡在地板上。他不过意地说："老焦，我怎么好叫你一家受挤呀？"焦裕禄笑着说："咱们都是革命同志，有困难就应该互相关心，互相帮助。"潘凤友每每提起这件事，总免不了激动地说："我一辈子也忘不了焦裕禄，他是共产党的好干部！"

大连起重机器厂职工说："焦裕禄有一个本事：先进的能使之更先进，落后的能使之变为先进。"

1955年，机械车间工人姜枫椿生产任务完成得好，被评为工厂劳动模范。焦裕禄和他攀谈起来，问他："你干活为了什么？""挣钱养家。"他回答。焦裕禄说："人不能光为了挣钱，还要有政治方向，要用政治热情鼓舞自己。"为了让他明白这个道理，焦裕禄先后近十次到他家走访谈心，对他讲工人阶级的历史使命和奋斗目标，讲中国共产党的历史，讲革命先烈的英雄事迹。焦裕禄终于使姜枫椿懂得了不能只为挣钱养家而干活，更要为实现国家的社会主义工业化做贡献。从此他的干劲更足了，通过改进刀具，使劳动定额提高9倍。不料，同工种的一些人说他出风头，要大家难看，有人甚至要揍他。姜枫椿感到很委屈。这时，焦裕禄又到他工作的机床前，对他说："仅你自己先进不行，你自己的产量再高也只是一个人，把大家带动起来就是一大片。""帮助落后工友是我们的责任，你应该把新技术教给他们。"姜枫椿遂毫无保留地把革新技术教给工友，使那个要揍他的工人月薪由38.90元增加到120元，发工资时说啥也要请他喝酒。在焦裕禄的政治热情鼓舞下，姜枫椿提前两年多时间完成第一个五年计划的生产任务，光荣地加入中国共产党，被评为全国劳动模范，到北京出席"全国先进生产者代表会议"，受到毛主席等中央领导的接见。焦裕禄培养了姜枫椿等一

上：焦裕禄曾经工作过的大连起重机器厂的机械车间厂房
中：焦裕禄曾经工作过的大连起重机器厂的车间办公室
下：焦裕禄在大连工作时居住的家属楼

1966年，为纪念焦裕禄逝世两周年，全国展开了大规模的宣传活动，而大连起重机器厂.的上上下下更是对焦裕禄曾经在那里工作过的600多个日日夜夜留有深刻的记忆。2月份，厂里的工人业余美术组自发组织起来，对焦裕禄在大连起重机器厂工作期间的典型事迹进行筛选，经过20天的时间，创作了14幅木刻组画，生动地再现了焦裕禄在大连的工作与生活。这组木刻版画发表在1966年4月的《旅大日报》(今《大连日报》)上，当时引起了很大的轰动，现在这组木刻组画保存在中国美术馆。时至今日，当年参加创作的7名成员也大多不在人世了，我们也就无从了解当年创作过程中的更多细节，只有档案室留存的印刷品可以让我们重见当年作品的风貌。

政治主任

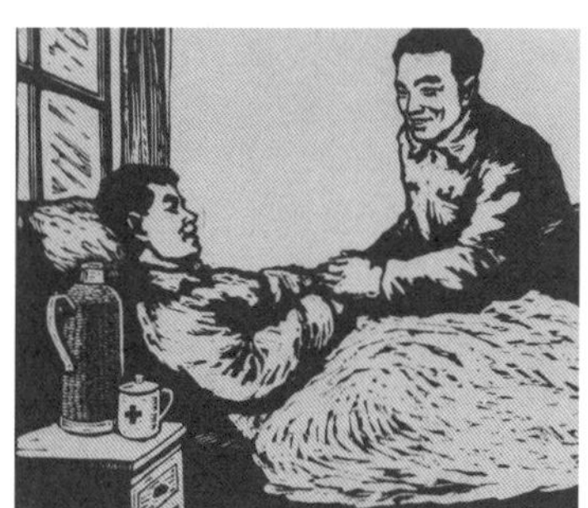
在同志最需要的时候出现

从毛主席著作中吸取智慧

防洪抢险

勤奋好学

麻痹能产生废品

热心帮助

咱们工人的贴心人

深入车间

把话说到工人心坎里

诲人不倦

爱洒工友

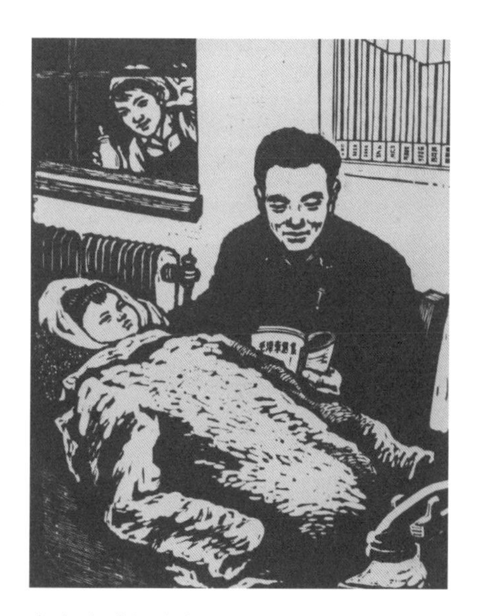

夜班临时托儿所

向焦裕禄学习

01. 旋转挂梁起重机全景

02. 生产车间内部

03. 1990 年大连起重机械厂

04. 1993 年大连起重机械厂车间

批先进工人，把他们领进了工人阶级先锋队组织。他还使一些落后工人转变为先进生产者。

1956年，大连起重机器厂生产出现高潮。但减速机工段上不去，影响全厂计划的完成，成为“老大难”。焦裕禄到这个工段蹲点。有一个青年工人是全厂有名的“刺儿头”，受过纪律处分，人们都另眼看他。焦裕禄了解到他是个孤儿，又发现他干减速机箱体刮研的活很出色，便对这个青年工人实行岗位计件生产管理；并多次同这个青年谈心，指出他的缺点和努力方向。这个青年深受感动，使劲干活，手上磨出血泡，月末拿到全车间最高工资——二百五十多元。他高兴地到商店买了皮夹克和水獭帽，穿戴得焕然一新。这时，焦裕禄又来到他身边，对他说：“有了钱不能都花了，你都22岁了，还得娶媳妇成家立业呢。”焦裕禄还对他说：“你不能钻进钱眼里，不能喊为皮夹克而奋斗，得想想怎样给国家多做贡献。”“光一个劲蛮干不行，还得琢磨新法子，既加快速度又少出力。”一席话温暖了这个从小便失去父慈母爱的青年工人的心。他听焦裕禄的话，用心钻研业务，改进箱体刮研工艺，大幅度提高了生产效率，获得技术革新奖，还被评为工厂的“青年突击手”。这个谁都感到棘手的“刺儿头”的变化，带动落后工人急起直追，推动先进更先进，使减速机生产由过去的月产一百多台提高到二百八十多台，减速机工段当年跨入工厂先进集体行列。

焦裕禄给大连工人留下一份宝贵的精神财富；大连工人与焦裕禄建立起深厚的阶级感情。1956年底，焦裕禄奉调回河南洛阳矿山机器厂工作，后调任中共尉氏县委书记、兰考县委书记。为整治兰考风沙、内涝、盐碱三大自然灾害，改变兰考县落后面貌，他呕心沥血，无私奉献，积劳成疾，不幸于1964年5月14日病逝。噩耗传来，曾经与焦裕禄并肩工作过的大连起重机器厂工人、干部无比悲痛，同全国人民一道投入“向县委书记的好榜样焦裕禄学习”的热潮中。

## 大化——一个时代的传奇

一个盛夏的上午，强烈的阳光撒落在大地，在位于甘井子区的大化集团的旧厂区里，我们被眼前的景象惊呆了。这里的空间和氛围把我们带离了色彩和繁华的当下，来到熟悉却又陌生的过去。在这里我们看到了1932年兴建的电厂，1933年兴建的炼焦车间、造气车间、硝铵车间、硫铵车间，1935年兴建的合成车间，1937年兴建的重碱车间、煅烧车间、烧碱车间以及1952年兴建的南、北氯化铵车间、1958年兴建的新碱车间。尽管车间的设备早已停止了运转，我们却能听到时间在倾诉。

大化最初是1933年由日本人开办的。“九一八事变”后，日本帝国主义为适应扩大侵华战争的军事需求，以巨额投资，在大连发展化学工业，于20世纪30年代中期，相继建成“满洲化学工业株式会社”（简称“满化”，即大连化学厂的前身）、“满洲曹达株式会社”（简称“满曹”，即大连碱厂的前身）。1945年日本投降，“满化”、“满曹”停产。

1945年日本投降后，工厂于1946年由我党接管，成为党领导下的第一个大型国有化工企业。1949年，著名制碱专家侯德榜奉命考察东北化工产业情况，在参观大连化学工厂和大连碱厂时，发现两厂只有一墙之隔，具备发展“侯氏制碱法”的理想条件，他当即向建新公司经理张珍介绍该

上：1935年“满洲化学工业株式会社”全景
下：“满洲化学工业株式会社”事务所大楼

01.“满洲化学工业株式会社”码头栈桥

02.“满洲化学工业株式会社”硫安仓库

03.“满洲化学工业株式会社”合成车间的压缩机

04.“满洲化学工业株式会社”硫酸车间泵室

法生产的内容，并建议组建试验车间，同时上报中央。中央政府批准了侯德榜的建议，并决定由他亲自主持指导，在大连化工厂设计、建立一座侯氏制碱法的中间试验车间。

在侯德榜的指导下，大连化工厂于1953年建成联碱中间试验车间，开始全流程试生产，取得了宝贵的数据。其后几经调整生产规模，大胆改进设备和完善工艺技术，纯碱生产实现了连续生产，产品质量和经济指标均符合要求。在此期间，侯德榜几乎每一次来大化，都要到中试车间现场，甚至为找到故障原因，还像普通工人一样钻到停炉不久的煅烧炉炉膛里查看。每一次发现问题，就能及时解决问题。也是在联碱试生产过程中，大化人在一没有样机、二没有图纸的情况下，大胆革新，研制成功我国第一台自行设计、自行制造的大型压缩机，以及自行设计、自行制造了大型制碱蒸汽煅烧炉。1964年经国家科委组织鉴定，认为这一成果可以在全国推广，并定名为“联合制碱法”（简称“联碱”）。联合制碱使我国纯碱生产技术进入了一个新阶段。

1957年，经化工部副部长侯德榜的提议，化工部批准，大连化学厂与大连碱厂合并，定名为大连化学工业公司（简称“大化”，改革开放后改组为大化集团）。但她的意义已远远超过一个企业。她是最早属于新中国的大型化工企业。这样的出身注定了她的经历极富传奇色彩，注定了她在支撑共和国经济的同时，自身也历经坎坷，历久弥坚。

她的传奇在于，解放战争中，她从日本人的手中挣脱出来并调转枪口，为解放区制造火药、炮弹。根据党中央“发展兵工生产，支援解放战争”的指示，大化职工高喊着“后方多流汗，前方少流血”的口号，用最短的时间，在一片废墟上修复了部分生产装置，投入稀硝酸、浓硝酸、浓硫酸、乙醚和各种型号火药的生产，这些产品除保证本厂无烟火药的生产外，其余均运出供给华东、华北解放区的火药厂，为新中国的诞生立下了汗马功劳。

01. 1951 年 7 月 1 日周恩来总理视察大连化工厂

02. 我国接管后在日本遗留下的烂摊子上，很快修复并运转的 1340 马力德国产空气压缩机，为解放战争生产炸药原料，为解放战争的胜利做出了巨大贡献。周恩来总理对这台设备非常重视，1951 年周总理来大化视察了这台设备，并鼓励大化人要设计制造中国人自己的压缩机。

03. 大化人于 1955 年自行设计、制造的新中国第一台大型化工用 2400 马力 150 转的氮气压缩机。

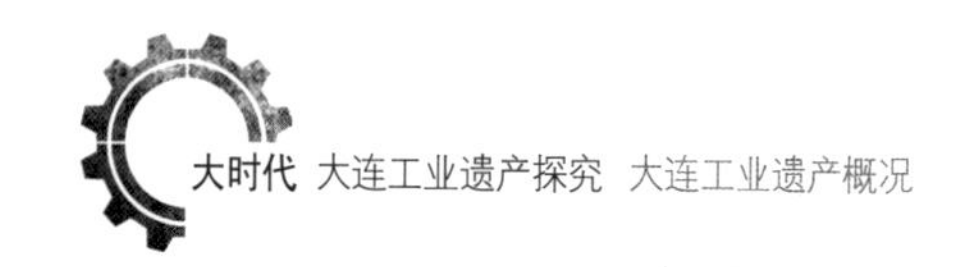


她的传奇在于，她为新中国培养了数位国家级有突出贡献的专家、院士，十余位部级干部，百余位司局级干部，391人次全国及省市级劳动模范，为建国后创办的近200个化工企业培训了两万多名技术人才，输送了1.4万名技术骨干；为226个化工企业代培干部、工人2.3万人；成建制地援建了吉化、太化、兰化等化工企业，为我国国民经济的发展做出过巨大的贡献，被誉为“中国化学工业的摇篮”。

她的传奇在于，当年被共产党从投降的日本人手里接收过来时，她已是千疮百孔。但仅两年的时间，她就恢复了化肥和纯碱生产。改革开放之前，她共创造、保持着20个全国第一，特别是纯碱产量一直居亚洲之首，成为新中国成立后我国乃至亚洲最大的纯碱生产企业。作为新中国的大型国有企业，到“一五”结束时，大化的合成氨年产量达到了91001吨，纯碱达到306614吨，为新中国的工农业建设提供了大量的急需化工原料，奉献了“第一桶金”。从那段岁月走过来的大化职工，印象最深的是这样一句口号：宁让汗水漂起船，不让产量差半钱！

她的传奇在于，进入市场经济以后，当人们以为她的生命之源即将干涸，她即将成为历史的时候，她却易地再生，再次向人们展示了顽强的生命力。

因为要易地重建，所以旧厂区陆续停产。我们看到的这个长方形钢筋混凝土框架建筑是原“满洲化学株式会社”生产合成氨的合成车间，始建于1935年，占地面积100300平方米。车间分上下两层，下层高10米，上层高30米。上层安装有生产主装置大型压缩机和循环机，下层为大型压缩机的附属设备如各类容器、油系统及管线。车间内部空间高大宽敞，基本保持了1997年停产时的原貌。

车间内非常难得地保留了30多台大型化工用机器设备。有日本殖民统治大连时期日本神户制钢所株式会社1934年制造的大型往复式压缩机；有

上：1955年，工厂职工采取各种方法，浇铸2400马力（1790千瓦）大型压缩机身。

下：1958年工人在合成车间内工作

01. 1969 年的大连化学公司设备

02. 1975 年的大连化学公司设备

03. 1977 年的大连化学公司设备

04. 1977 年大连化学公司车间内部

05. 1983 年的大连化学公司设备

前苏联援建大连时使用的压缩机；有我国接管后在日本遗留下的烂摊子上，很快修复并运转的1340马力德国产空气压缩机，为解放战争生产炸药原料，为解放战争的胜利做出了巨大贡献。周恩来总理对这台设备非常重视，1951年周总理来大化对这台视察了设备，并鼓励大化人要设计制造中国人自己的压缩机，并为国内其他化工企业输送设备、技术和人才；还有在周总理的鼓励下，大化人于1955年自行设计、制造的新中国第一台大型化工用2400马力150转的氮气压缩机以及20世纪80年代引进的日本产氮气压缩机、透平循环机等。

正午的阳光从车间顶部的窗户洒落下来，尘埃慢慢在落在了这些锈迹斑斑的大型设备上，让我们再一次领略了大化的历久弥坚。

05

炼焦车间，是用洗精煤生产块焦的化工车间。其前身是“满化”瓦斯部所属的洗炭、干馏煤和副产物三个工场。

大化电厂，1932 年兴建，1934 年投产。

## 造气车间

该车间是生产合成氨原料气的化工生产车间。其前身是“满化”瓦斯部下设的水性瓦斯和瓦斯变换两个工场，始建于1933年。

## 硝铵车间

该车间是生产浓硝酸和硝酸铵的化工生产车间。其前身是“满化”硝酸、硝铵部所属的硝酸、浓缩硝酸和硝铵三个工场。

## 硫铵车间

该车间是生产硫酸、硫酸铵、液体二氧化硫和磺化煤的化工生产车间。其前身是“满化”硫酸部所属的硫酸工场和硫铵工场，始建于1933年，1934年至1935年先后投产。

左：大化合成车间厂房，始建于1935年，占地面积100300平方米，现已拆除。
右：2009年已停产，面临拆除的大化合成车间。

上：大化合成车间日本统治时期的压缩机

下：大连现代博物馆门前陈列的大化压缩机

## 重碱车间

该车间是氨碱法生产纯碱的重要工序。其前身中“满曹”“重曹”职场。

## 合成车间

长方形钢筋混凝土框架建筑是“满洲化学株式会社”生产合成氨的合成车间，始建于1935年，占地面积100300m$^2$。车间分上、下两层，下层高10米，上层高30米。上层安装有生产主装置大型压缩机和循环机，下层为大型压缩机的附属设备如各类容器、油系统及管线。车间内部空间高大宽敞，基本保持了1997年停产时的原貌。

合成车间作为我国现存最早的化工生产车间，具备了珍贵工业遗产的独特性和全国影响性，是大连重要的工业遗产。作为城市文化的一部分，它的存在无时不在提醒人们大连这座城市曾经拥有的辉煌和坚实的基础，同时也为大连市民留下更多的向往和精神寄托。

2005年1月，一场中国化工史上前所未有的搬迁工程就在这里悄然拉开了帷幕。这是中国化工史上最大的一次搬迁。近340万平方米的土地上，迷宫般的厂区，看似怪异的透迹斑斑的设备，那宏伟的大跨度厂房，昔日管道纵横、塔罐林立的景象不见了，取而代之的是大片平整出来的空地，但大化人艰苦奋斗、无私奉献的精神不会因此而消失。

离开了这块相依相伴70多载的土地，大化人虽然有些不舍，但却更加自信，陪伴新中国走过60年，缔造无数传奇的大化，一定会在新的土地上——松木岛再造一个环境友好、充满活力的新大化，为中国化工业的发展再创辉煌。

随着机器的更新，一批老旧的机器已经完成了自己的历史使命，逐渐退出时代的长河。如今这些退出大化生产的机器已部分被收藏，它停下了脚步，安静地驻足、凝望、回想……坐落在大连现代博物馆门前广场两侧的大化人于1955年自行设计制造的中国第一台2400马力大型氮气压缩机，以及日本引进的由德国克虏伯公司1930年制造1340马力的大型空气压缩机和日本神户制钢所株式会社1934年制造的大型往复式压缩机，成为大连一道亮丽的风景线和大连工业发展的历史见证。

## 大钢——中国特钢的摇篮

大连钢厂坐落在大连市甘井子区中部。三百多年前，这里仅有几户人家，是一个依山傍海的小村落，一片片花椒树在房前屋后丛生，因而得名椒树房，简称椒房。

大连钢厂的前身为株式会社进和商会旧址、大华电气冶金株式会社旧址。

进和商会是1905年由日本人高田友吉和矢田部善辅二人出资创立，主要经营钢材和五金商品的销售。1917年8月，在指定的工业区大连千代田町33番地（现大连市春德街）设立了工厂。1935年，进和商会千代田町工厂迁到甘井子椒房屯633号（现西厂）。1936年6月搬迁完毕，对外营业。

大华电气冶金株式会社，始建于1918年4月，由日本人上岛庆笃与中国人李直之（李鸿章后代）等人共同出资创建，厂址设在大连荣华町2番地（现大连火车站西）。主要从事特殊钢的研究和生产。1938年，因建设大连火车站，大华电气冶金株式会社迁至甘井子椒房屯（现东厂），1939年，更名为大华矿业株式会社。

1905年成立的株式会社进和商会。本店在大连，店址在原大连佐渡町三十番地，今中山区白玉街，工场在甘井子椒房村。

01. 1947 年 3 吨电炉恢复生产

02. 1947 年大连金属制造厂制钉生产情况

03. 1947 年 7 月苏军将大连炼钢厂和金属制造厂移交中国东北军工部大连建新公司

04. 1947 年 7 月轧钢车间

05. 1947 年 7 月锻钢车间

1945年8月27日，进和商会和大华矿业株式会社被苏军接管；1947年7月1日，移交我方，归属东北军工部大连建新公司领导，进和商会改名为大连金属制造工厂，大华矿业株式会社改名为大连炼钢工厂。1948年10月31日，大连金属制造工厂与大连炼钢工厂合并，改名为大连钢铁工厂。1953年6改称大连钢厂。大连钢厂在党和政府的领导下，经历了艰苦创业的道路，不断发展壮大，创造了光辉灿烂的业绩。

01. 1948年试制成功硬质合金加快军工生产发展

02. 1948年大连金属制造厂制钉生产线

03. 1956年苏联专家在大钢指导工作

04. 1957年苏联专家撤离大钢时合影留念

我方正式接管时，工厂主要设备大部分受到损失，设备严重不足，恢复生产非常困难，日本人撤退时把大量煤炭扔到海里和埋入地下。在大连建新公司的领导下，工厂树立了“千方百计搞好军工生产，支援全国解放战争”的思想，工人们以主人翁的姿态，积极投入到“恢复生产，尽快产出军工产品”的战斗中。1947 年 6 月，两厂领导发动老工人“动脑筋，想办法”，开展“拾焦炭”活动。300 多名工人下班后，纷纷来到海边，跳进齐腰深的海水里捞煤炭，仅 2 个小时，就捞出近 3 吨的煤炭。一部分职工还利用业余时间，在煤气站的大院里，一次就挖出 20 多吨煤炭，为恢复生产做出了贡献。在开展“献工具，献设备”活动中，职工从日本厂主窝藏设备的一个北山山洞里拉出了 50~100 马力的电动机十多台和拔丝机、减速器、连接器等重要生产设备。从 1948 年 3 月开始仅用了 10 个月的时间，工人们克服困难，二机械车间就生产了 196451 枚炮弹头。从 1947 年 3 月至 1951 年 1 月，人连钢铁厂共冶炼了 28736 吨钢；锻造出生产炮弹头用的圆坯 4128 吨；轧制出生产炮弹头用的圆钢 6172 吨，直接生产了部分炮弹头和“九二步兵炮”弹簧等重要军工产品；首次成功地冶炼出铝铬合金、镍铜合金和硬质合金，填补了我国冶金史上的空白，为全国解放战争做出了重要贡献。

1950 年，南迁后的大连钢铁工厂只剩下 1409 人。1951 年，为了把大连钢铁工厂重新恢复起来，广大干部、工人和工程技术人员吃住在厂，全力投入恢复生产的工作中去，有时甚至夜以继日地奋战在车间。没有设计自己搞，没有图纸自己画，没有模型自己造，人的聪明才智得到了最充分的发挥。1954 年 4 月，大连钢厂在冶炼炭结钢时，最早采用了氧气吹氧助熔新技术，开创了我国使用氧气炼钢的先例。1959 年，大连钢厂形成了我国第一份精密合金技术标准，1961 年兴建了我国第一个精密合金基地——七五二研究所。

在新中国的历史上，大连钢厂创造出无数个第一，生产出我国第一炉不锈钢、第一炉高速工具钢、第一炉高温合金、第一炉精密合金、第一炉高强钢和第一炉超高强钢等。为我国研制第一枚导弹、第一枚远程运载火箭、第一颗原子弹、第一颗氢弹、载人航天飞船“神舟五号”、“神舟六号”和“神舟七号”、“嫦娥”号探月飞船、歼10战斗机等提供了大量关键材料。

大连钢厂在不断开拓前进的过程中，为发展祖国的钢铁工业做出了重要贡献。从1950年至1985年的36年间，曾先后调出过大批人员、设备和技术资料支援大冶钢厂、北满钢厂、西安五二厂、贵阳钢厂、山东沂蒙山区新城钢厂的建设。

1950年11月8日，大连钢铁工厂奉中央重工业部命令和东北工业部通知，将特殊钢部分的电弧炉、锻锤、压延机、机械设备、硬质合金设备、耐火砖设备、拔丝机、物理和化学试验分析仪器等1600吨，迁往湖北省黄石市华中钢铁公司。厂长李振南、第二副厂长杨森培随同调往大冶钢厂，随迁职工达670人。

1964年11月初，为促进边远省份贵州各项事业的发展，冶金工业部决定从大连钢厂成建制地内迁5吨电炉2座，人员172名，支援贵阳钢厂。这次选调人员180人，主要设备有5吨电炉2座。这批内迁人员到了贵阳钢厂后，艰苦创业，白手起家，为开拓贵州省的钢铁工业做出了重要贡献。

为了加速内地建设，冶金部于1965年决定将大连钢厂钢丝车间一分为二，七五二车间大部分迁往西安，合建七五二厂。在人员的支援上，优先满足了新厂的需要，提出了要多少给多少，要谁给维，什么时候要什么时候到的口号；在设备支援上，坚决支援最新、最好的；在设备安装上，坚持“百年大计，质量第一”的思想，“严”字当头，精益求精；在生产准备上，从一切有利于内地建设出发，凡是新厂生产需要做的工作或供应的物资，一定千方百计，克服困难，满足要求，经过一年的努力，搬迁工作顺利完成。支援各种人员1501名，搬迁设备1119项，1607吨。

1956年10月新建的煤气车间外景

1972年厂部命名冶炼车间6号炉为“三八炉”，成立了三个班组，共有二十多名青年女工成为新一代炼钢工人，在老师傅带领下，细心学习冶炼技术。左为新一代女炼钢工人，右为“三八炉”长李桂凤和女炼钢工们召开班前会，研究当日生产情况。

上：1958年厂部决定第一炼钢车间4号炉命名为“红旗青年炉”，照片为青年炉炉长赵更在召开班前会，布置当日工作计划。

中：全国劳动模范刘洪喜（中）深入班组与工人一起研究钢锭表面质量

下：全国劳动模范姜连洪（中）和技术人员、工人研究加热炉水泵节水技术

## 大钢现有遗存

**第一炼钢分厂生产厂房**——由1936年进和商会电气炉车间和1938年大华电气冶金株式会社炼钢厂合并而成。现占地29233平方米。1945年8月15日，日本宣布投降。8月27日，苏军正式进驻大华矿业株式会社和进和商会，在苏军接管期间拆迁了炼钢场和电气炉场的3吨、6吨电炉各1台（将电炉的主体部分拆走），加之日本撤走前进行了破坏，使生产处于完全停顿状态。1947年7月，苏军将大华矿业株式会社和进和商会移交我方，1948年10月31日，大连炼钢工厂和金属制造工厂合并，电器炉场和炼钢场成为大连钢铁工厂炼钢车间。

1947年7月，大连炼钢工厂炼钢场首先恢复了0.5吨、1.5吨电炉各1台，产品以军工为主，民用为辅。此期间炼钢车间生产了首批枪钢、炮弹钢、弹簧用钢等8个钢类24种钢种。在支援解放战争中，炼钢工人是在极其艰苦的条件下进行生产的。一切工作都是紧紧围绕“千方百计搞好军工生产，支援全国解放战争”的思想而展开。由于广大工人刚刚从日本的长期统治下解放出来，生活非常艰苦，可是为了支援解放战争，炼钢车间工人把原两班倒每班8小时的工作改为干12个小时。仅1949年，每月生产碳素钢330吨，高速钢560吨，工具钢40吨，耐热钢8.5吨，钢丝用钢39吨。同时，还试制成功

01. 大连钢厂第一炼钢分厂外景
02. 大连钢厂第一炼钢分厂内部
03. 大连钢厂第一炼钢分厂内部铁水炉
04. 第一炼钢分厂内工人在吹氧作业

铝铬合金丝和镍铜合金板。

**第二轧钢分厂生产厂房**——始建于1940年，前身是大华矿业株式会社所属的东压延场。1947年，苏军将大华交给我方。1948年10月，二轧的生产也很快恢复起来，于1947年6月建起1台1500马力轧机。这台轧机的主要任务是轧制中炭钢坯，从1947年2月至1949年底，共轧制圆坯3341吨。1948年，沈阳解放。我军在战场缴获了一批美制"九二"步兵炮，由于炮体上的复坐式梯形弹簧全部损坏而被闲置，为了充分发挥这些大炮的作用，厂长李振南把研制梯形弹簧的任务交给加工分厂。主任邱方任组织有关人员，克服各种困难，经过反复试验，在很短的时间里试制成功，为全国解放战争做出了贡献。

1993年大连钢厂第二轧钢分厂

大连钢厂原第二轧钢分厂车间内部

# 绿色波浪——大连人心头的温馨涟漪

“波浪”洗衣机，看到那碧绿的颜色就让人感到一阵亲切，记得小时候家中也有这么一台绿色的洗衣机，伴随着我一起成长，相信不少老大连人也会有同样的感觉。就是这绿色的“波浪”见证了大连当年轻工业的辉煌，见证了一段温馨的回忆，也见证了大连的工业精神……

对一座城市来说，会留存有许多珍贵的记忆。每一段城市的记忆，终将留存于在这里生活过的每一个人的心中，而这座城市留给一个人内心的光荣，也许也会被深埋，但永远不会消失。

从早期大连波浪洗衣机厂生产的单筒洗衣机，到大连波浪家用电器公司生产的双桶洗衣机，涵盖了“波浪”牌洗衣机不同时期的主要产品，代表了波浪洗衣机的整体水平。

1978年，一台国外产洗衣机漂洋过海，来到了大连起重机附件厂。当时，很多人甚至见都没见过洗衣机，那还只是个别宾馆、酒店才能采购得起的高档货。完全没有技术资料可以参考，单凭这一台样机，厂子里多名技术骨干经过拆解、研究、模仿、改造，历时大半年时间，研制出了大连产的第一台半自动单缸洗衣机，取名叫作“浪花”。

1979年9月正式投产后，当年生产了洗衣机2200台，这也是我国第一代“XPB1.5—1型”普通单缸洗衣机。1980年3月，大连产洗衣机得到了轻工部、大连市二轻局的赞许，市政府将大连起重机附件厂、大连喷漆厂、大连金属家具厂合并组成大连洗衣机厂，占地面积3.7万平方米，有设备25台，固定资产330万元，职工1088人，商标也由“浪花”更名为“波浪”，成为全国第一个引进国外生产线并消化吸收的洗衣机厂。

经过几年的技术革新，大连洗衣机厂生产的单缸洗衣机从“大棒”（早期洗衣机靠缸内的搅拌棒清洗衣物）到“小棒”再到波轮。1984年，波浪牌第一台双缸洗衣机诞生。从此，波浪牌拥有了单缸、双缸和脱水三个经典机型。到了1985年大连洗衣机厂年产单、双缸洗衣机16.2万台，产值达3197万元。

1987年以大连洗衣机厂为主体联合大连第六塑料厂、大连照明器材厂、大连威特电机厂、大连制镜厂成立大连波浪家用电器公司。1988年公司还被评为辽宁省“明星企业”。

现在大连洗衣机厂的人还记得当年甘井子区促进路2号大连洗衣机厂大院

1985 年 8 月 23 日，全国政协主席邓颖超视察大连洗衣机厂。

里的盛况：每天天不亮，全国各地等着拉洗衣机的货车就把院子都挤满了，工人们三班倒生产洗衣机，产品刚一装箱都不用进仓库，直接就被外面早已迫不及待的货商拉走了。

当时，普通工人一个月的工资只有 30 多元，一台单缸洗衣机的价格要 120 多元，而双缸洗衣机更是要 600 元左右，一个普通工人要不吃不喝一年多才能买一台双缸洗衣机。这昂贵的价格让不少人现在仍记忆犹新，而且价格还不是主要的，在那个凭票供应的年代，即使有钱你也很难买到一台洗衣机。那时候在洗衣机厂工作“老展扬”了，厂子效益好，奖金比别的厂子多不少，上哪去一说在洗衣机厂工作，别人都会露出羡慕的目光。可能最让洗衣机厂职工闹心的，就是有太多人追到家里让他们帮忙，想托关系“走后门”买上一台洗衣机。

20 世纪 80 年代，“波浪”洗衣机是不少人眼中的大品牌、时髦货。当时就有不少人开玩笑：谁家有一台“波浪”洗衣机，那找对象都得高一个档次。尽管是玩笑，可“波浪”洗衣机确确实实成了当年结婚青年梦寐以求的几大件之一，这碧绿色的“波浪”也成了一代人温馨幸福的见证。

当年“波浪”洗衣机销往全国各地，20 世纪 90 年代初的时候，市场保有率在 60 万台左右。就是现在，依然还有不少人仍在使用着二十多年前的“波浪”洗衣机，对其质量也是在网上被纷纷“点赞”。让很多人可惜的是因为市场经济的发展变化，“波浪”洗衣机没能跟上时代的舞步而退出舞台，但当年那碧绿色的“波浪”仍将是老大连人和大连工业遗产中令人难忘的回忆。

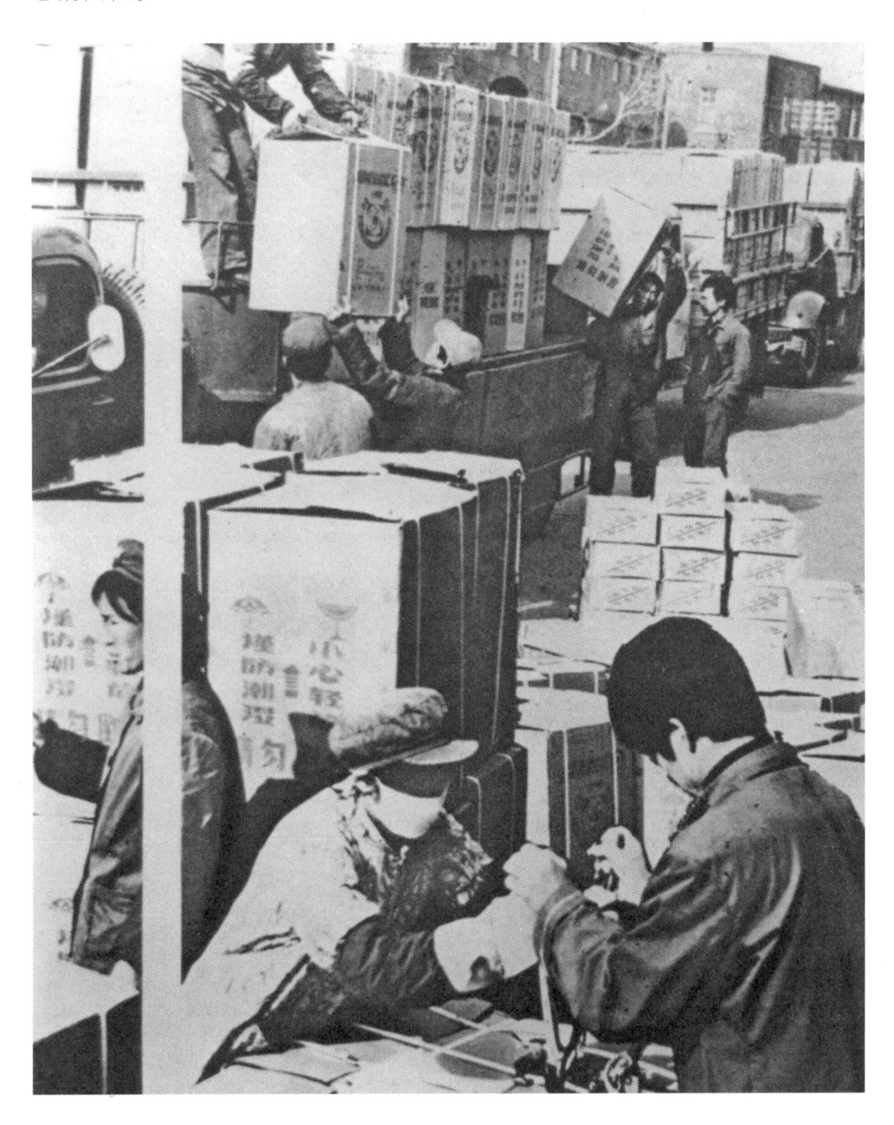

## 大连玻璃制品厂——晶莹剔透的世界

大连盛道玻璃制品厂始建于1917年，其前身为大连玻璃制品厂，历史悠久，产品种类繁多、质量上乘，是我国玻璃制品工业的摇篮。

01.“大连昌光硝子株式会社”玻璃包装车间

02.“南满洲硝子株式会社”

03.“南满洲硝子株式会社”工人在进行玻璃雕花

04.“南满洲硝子株式会社”生产的玻璃制品

05.“南满洲硝子株式会社”生产的玻璃制品

大连玻璃制品厂，后改为大连盛道玻璃制品厂，位于大连市甘井区西南路2号，始建于1917年，为日资“南满洲硝子株式会社”。1925年，日本玻璃企业旭玻璃株式会社与满铁联合经营，成立大连昌光玻璃株式会社。1928年11月，工厂从“满铁”中独立出来，成立“南满洲玻璃株式会社”，亦称“南满洲硝子株式会社”。主要生产平板玻璃（今大连玻璃厂前身），年产32万箱，1936年后达80万箱，是当时东北唯一一家生产平板玻璃的企业。本社在东京，工厂在大连，有职工500余人。

大连光复后，其后该厂多次易名。生产品种有铅晶质玻璃器皿及铅晶质玻璃工艺品、窑玻璃工艺品、玻璃瓶罐、工业器材、玻璃灯饰等5大类25个系列4000多个品种。其中铅晶质玻璃器皿和工艺品，犹如天然水晶，晶莹剔透，清澈无瑕，撞击时声似银铃，余音袅袅，悠扬悦耳。产品多次获国家金质奖、银质奖和国家优质产品“飞龙”奖，畅销全国各地及世界八十多个国家和地区，在国际市场上享有盛誉。

现有遗存包括废弃的旧厂房、仓库和部分生产水晶制品的机器设备。

01. 大连玻璃制品厂废弃厂房

02. 大连玻璃制品厂仓库

03. 大连玻璃制品厂磨花车间

04. 大连玻璃制品厂磨花车间内老机器

05. 大连玻璃制品厂磨花车间内雕刻机

03

04

05

## 火车站——渐渐吹远的儿时记忆

曾几何时，火车是旅顺、大连铁路沿线这些末等小站的主要交通工具，人们可乘火车在离自己家很近的地方下车回家或者出门远行。站站都停的慢车的乘客多是当地百姓，时常会在站上车内乡里乡亲地攀谈起来，甚是亲切。随着旅顺、大连公路的修建，旅顺大连的距离越来越短，让这段铁路线上的慢车旅客近乎绝迹。时至今日，在这些空荡荡的站房里，在日渐荒芜萧疏的站台上，没有乘客从此回家或远行，没有乡里乡亲暖乎乎的闲聊，那些昔日温存的记忆碎片已经吹散、吹远……

## 达里尼火车站旧址

这座历经风雨剥蚀的俄式建筑如历史碎片般在这里堆栈。透过这百年遗影，我们似乎可以看到一百多年前，伴随着中东铁路的问世而衍生的悲怆和苦涩，在寒光铁轨与冷色车轮的撞击中，回眸那一段血写的历史。

对于饱受蹂躏的中国来说，铁路的产生与发展和被侵略被侮辱是紧密联系在一起的。大连就是根据1898年3月俄国强迫清政府签订的《旅大租地条约》而被迫开放的。这一年的7月6日，俄国又和羸弱的清政府签订了《东省铁路公司续订合同》，俄国从法律上攫取了自哈尔滨至大连、旅顺铁路的筑路权。1898年9月，开始修筑旅顺至哈尔滨间单线铁路。1903年7月，东省铁路（又称中东铁路）全线通车营运。

俄国兴建的最初老站位于大连市胜利街46号，在现大连火车站往东200米处，喧闹的菜市桥附近，始建于1903年。经过了一个多世纪，还在高楼大厦的夹缝里顽强生存着。这幢看上去质朴敦厚的站房默默地伫立在那里，以其独有的方式见证着大连一个世纪的变迁。

从远处望去，这座俄国人建造的达里尼老站已经残缺不全了，它的三分之一已被拆掉，代之以三层高的办公楼，斑驳的墙壁也早被刷上了白色的油漆。然而走近观赏，于细微之处，还是可见旧日的模样。屋顶较陡，虽然外立面看上去是平房，实际上里面有阁楼，大大方方的门窗，砖木式的结构，这种典型的俄罗斯建筑特色使老站于钢筋水泥之中别有风味，也越发显得沉静和富有沧桑感。

一百多年中，老站有过辉煌，也有过落寞。辉煌时，人潮涌动，康有为、周恩来等历史名人的足迹都曾踏过这里。1928年5月，周恩来与邓颖超从上海乘船经大连，准备到莫斯科参加中国共产党第六次全国代表大会，在大连码头被日本警察带到水上警察厅查问。由于周恩来的机智、果敢，

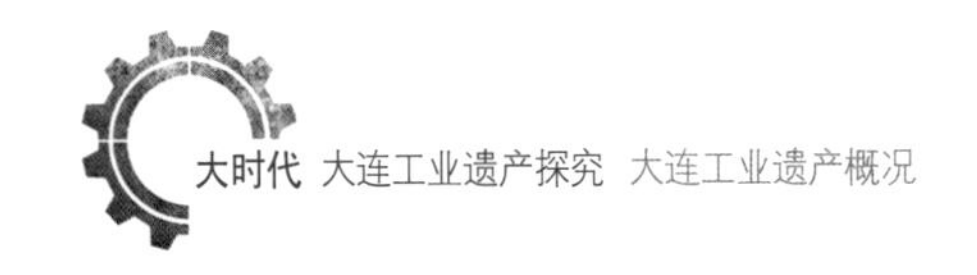


最终化险为夷。脱险后，就是从这座火车站去长春，然后取道吉林，去了哈尔滨，到了莫斯科参加党第六次全国代表大会。如今已落寞的老站，只有岁月的灰尘陪它度过。

自 1903 年后的 33 年里，老大连站一直作为客运站使用，因为那时的政府行政中心所在地就在前些年搬走的大连自然博物馆旧址，距离不远的老站便成为重要的交通枢纽。1937 年 6 月，当日本“南满洲铁道株式会社”

01

02

修建的现大连火车站正式启用后，这座俄罗斯风格的老站即宣告结束了其作为客运站的功能。

20 世纪 50 年代初期，老站的产权归大连铁路分局（现为大连铁道有限责任公司）所有，而使用权则交给了大连铁路分局电务段。20 世纪 80 年代之前，老站一直充当木工房的角色，木工们在里面为铁路运输加工桌子和椅子等设施。20 世纪 80 年代后，老站先是成了电务段的检修所，后则成为堆积杂物的仓库。再后来，又成了员工们的乒乓球室等。从表面看来，老站确实没有什么作用了，许多年轻人来甚至不知道历史上曾经有过这座俄罗斯风格的老站。它孤寂地站立在城市的一角，尽管附近的人们还是天天看到它，但是司空见惯，它真正的身份已经被人们遗忘。

当然，若非亲眼所见，很难相信这座位于现在大连火车站后身、胜利街胡同内的破败的尖顶平房就是曾经的大连火车站。如今，在林立的高楼大厦中，曾风光无限的老站异常落寞……

03

04

05

01. 1903 年俄国统治时期修建的大连火车站全景
02. 俄国统治时期修建的达里尼火车站旧址
03、04、05. 日本统治初期的大连火车站内部

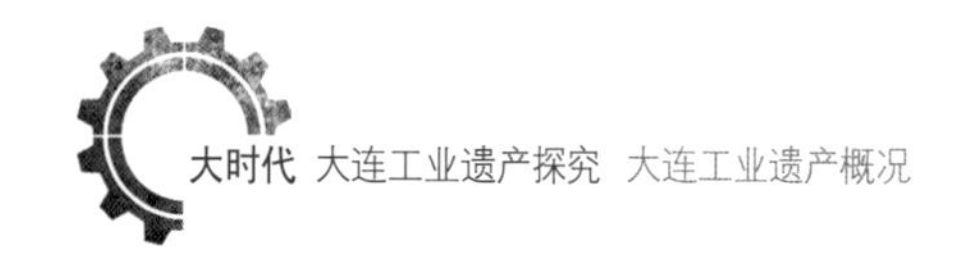


## 旅顺火车站

在“满铁”经营的南满铁路最南端，有一处具有俄罗斯建筑风格的木质建筑，精致玲珑、美妙绝伦，它就是旅顺火车站站舍，被誉为中国最美的火车站之一。该建筑由俄国始建，日俄战争结束后，日本按俄国的设计图纸进行了续建。旧址位于大连市旅顺口区井冈街 8 号。

火车站始建于 1900 年 10 月，是俄国修建的东三省南满铁路最南端的周（水子）旅（顺）支线的终点站。站舍为典型俄罗斯风格的木制平房建筑，占地面积约 406 平方米，由候车室、乘务室、站台长廊和厕所组成，候车室正中为俄罗斯风格铁皮塔楼，1903 年投入运营。日俄战争结束后的 1905 年 9 月，日俄签订《朴茨茅斯和约》，日本强占长春至旅顺铁路，直到 1945 年日本战败投降。1945 年 8 月，苏联红军进驻旅顺后接管旅顺火车站。1952 年 12 月 31 日，旅顺火车站由中国正式接管，隶属沈阳铁路局大连分局。2004 年 9 月曾进行整体维修。

旅顺火车站是目前保存完整的欧式建筑火车站，这里曾开出了我国首趟国际列车。1902 年 4 月，一辆满载金发碧眼旅客的列车从旅顺火车站开出，沿着中东铁路一直驶出国门，它的目的地是俄国首都圣彼得堡，这也是中国铁路史上第一列国际列车。

建筑平面呈一字形，在正面入口处凸现出如同花轿形状的门斗，绿檐绿瓦，黄白两色的木制图案装饰其间，眉清目秀。绿色屋脊上仿佛安放着一个巨大的绿色蒜头，上面挂满羽毛状绿色小瓦，好似孔雀开屏时拖着的翠绿的长翎子，矜持傲气又艳丽迷人。中间顶部为纤巧的塔楼，如同皇冠上镶嵌的一颗宝石，熠熠生辉。敞开的站台廊道上，15 根黄色单立柱亭亭玉立，如同 15 根硕大的伞柄，支撑起一片绿色的伞蓬，百年如一日，风雨无阻地迎送匆匆过往的旅客。

在20世纪80年代之前，火车还是人们来往旅顺和大连间的最主要交通工具。那个时候的旅顺火车站很繁忙，每天有十几趟列车进进出出，光是旅客列车每天就有早、中、晚三班。乘客基本上都是居住在旅顺而工作单位在大连的工人，工作日的早晨和傍晚，火车站就成了旅顺最热闹的地方。

时光流逝，旅大列车从烧煤的蒸汽机车更换为烧柴油的内燃机车，然后又更新为非自带能源的电力机车。而旅顺大连之间的列车通行数量，也逐渐减少到每天往返一趟。

2014年4月20日，旅顺火车站结束了它的最后一趟旅程，正式停运。这座历经百年的建筑是东北铁路沿线保存最完整的欧式站舍。

左上：俄国统治时期修建的旅顺火车站

左下：已完成历史使命的旅顺火车站

右：旅顺火车站站台长廊近景

## 大连火车站

大连火车站位于大连市长江路259号。1935年开工，1937年建成。站舍建筑面积3万平方米，天桥63米，地道85米，旅客站台19115平方米，站前广场14818平方米。

大连火车站是日本建筑师太田宗太郎与小林良治的作品。1924年，“南满洲铁道株式会社”组织大连火车站方案设计竞赛，太田宗太郎与小林良治的方案中选并作为实施方案完成设计。此方案与1883年建成的东京上野火车站相似，均采取了上出下进的空港式两层架构，使输送旅客的效率达到最大化，只是大连火车站的规模远大于上野火车站。

大连地势山海相依，市区地形起伏，火车站前的市区道路今长江路路面较铁路轨顶标高高出数米。建筑师因借地势，设计了双层候车厅，首层地面与铁路站台标高相同，二层楼面则与长江路路面标高接近，站前自然形成缓坡倾斜的大广场，旅客可由广场进入首层候车厅，也可经站舍两侧弧形伸展的大坡道直接进入二层候车厅，人流车流顺畅，使用很是方便，也使建筑极自然地融合在特殊的地形环境之中。建筑师因地制宜，处处为使用者着想，不拘泥于某种固定模式，充分体现了现代主义建筑“形式服从功能”的基本原则。这一点也同样体现在站舍设计的其他各个方面。站舍取简洁的矩形平面，对称格局，但平面布置按使用功能要求灵活处理，并不受对称格局的束缚。首层候车厅在均匀的结构柱网中灵活安排各类辅助房间，中轴线上设出站口，出站旅客通过首层大厅疏散到广场，与二层候车厅的进站旅客上下分流，互不干扰。其右侧大楼梯与二层候车厅相通。大楼梯避开了中轴线，建筑处理朴实无华，甘当配角，因而不破坏二层候车厅大空间的完整。二层候车厅为旅客提供了一个22米×70米，层高约16米的巨大空间，朝向广场的南侧在结构列柱间开设通高大窗，仅两端各一跨间封闭，其余三面环设双层辅助房间。候车厅高大、宽敞、明亮，形成良好的候车环境。

二层候车厅对称格局的大空间内不对称地安排了两组服务性房间，东侧设小卖部，南侧设问讯售票处，层高都取常规，不破坏大空间的完整。建筑师注重功能的设计思想也贯穿到细部设计之中，如售票处精细加工的大理石窗台下设计了一个凹龛，旅客购票时可将行李置于此处，既安全又不妨碍他人。

大连火车站建筑体型极为简洁，立面处理高度净化，但建筑与坡道、广场的关系，建筑自身的比例、尺度及细部处理都是经过仔细推敲的，充分体现了现代主义建筑的美学思想。

1945 年 8 月由中苏共管，1952 年移交中国。2003 年公布为市级文物保护单位。

上：1937 年建成的大连火车站

下：1937 年建成的大连火车站站台

## 沙河口火车站

沙河口火车站位于大连市中长街1号，建于1924年，日本侵占时期为沙河口驿，苏军接管后改称为沙河口站，现已停用。该建筑占地面积500平方米，东西长45米，南北宽11米，高9米，砖木结构。该火车站是通向大连站的必经之处。

上：日本统治时期的沙河口火车站

下：沙河口火车站候车室

## 周水子火车站

周水子火车站位于甘井子区周水子街道，1906 年建成，日式风格、砖木结构，当时隶属于“满铁”，建筑占地面积 347 平方米。

## 南关岭火车站

南关岭火车站1907年建成，隶属于当时的“满铁”。有办公室、候车室两个建筑，建筑风格为欧式建筑，砖木结构。候车室占地110平方米，办公房占地117平方米，均为单层建筑。南关岭火车站是南满铁路支线上的客货小站。

## 金州东门火车站

金州东门火车站，位于金州区中长街道春和小区东侧20米处．系金皮铁路上的一个站点。始建于1927年，由富绅巴树声与日本人门野重九郎共同修建，1937年由“满铁”购买。

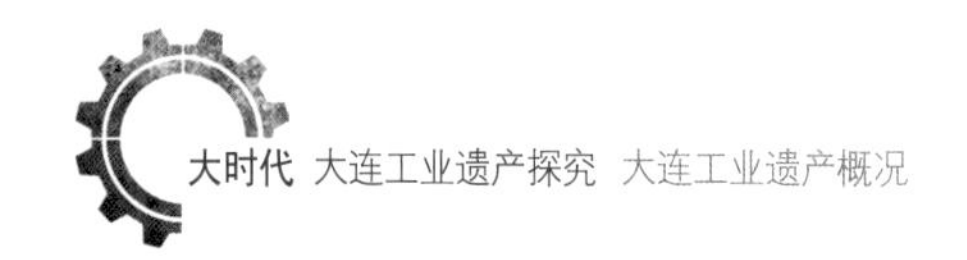


## 登沙河火车站

登沙河火车站是金城（金州—城子坦）铁路线上的一所重要车站。金城铁路原名“金福铁路”，由亮甲店富豪巴树声和日本财阀门野重九郎合股投资修建，1927年10月1日通车，该旧址占地面积约2500平方米，建筑面积约为500平方米。登沙河火车站办公楼，位于金州区登沙河火车站内。始建于1925年，是一栋二层红砖建筑，具有日本“官厅式”建筑风格。

杏树屯火车站

杏树屯火车站票房为日本统治时期所建，为和式建筑风格，石砌，一面坡铁皮屋顶，高 7 米，东西长 9.25 米，南北宽 6.1 米。票房内设售票货运室和候车室。

貔子窝火车站

貔子窝火车站为金福铁路上的一个站点，金福铁路建于 1925 年 11 月，1927 年竣工，线路由金州至城子坦，全长 102 公里。

## 城子疃火车站

城子疃车站建于1925年，自金州到城子坦的私营铁路叫金福铁路公司简称金福路。共修站线3条其中到发线2条，装卸线1条，道岔4组。站舍1所，内设运转、售票及候车室，货运、站长室。1927年10月1日正式通车。1939年5月金福路被卖给“满铁”，由其管理经营并改为金城线。

## 营城子火车站

营城子火车站位于大连市营城子街道南，由俄国于1898年始建，长20米，宽5.5米，俄式建筑风格，单层砖石结构、铁皮顶。现存俄占时期建筑3栋，有候车室、行李房、职工宿舍建筑占地面积为434平方米。日本侵占旅大时期延续使用，并在此基础上增建了多座建筑。

## 夏家河子火车站

夏家河子火车站始建于1907年，在大连区内属旅顺支线部分，东接革镇堡站，西接营城子站，该站乘接旅客在夏季人数猛增，解放前曾增开大连至夏家河子列车。

## 瓦房店火车站

1898年，瓦房店被俄国强行租借（旅大租借地），修建铁路。1901年，中长铁路建成通车，取“瓦房店”为火车站名。瓦房店火车站是瓦房店地区最早的火车站，南满支线三大站之一。1905年日本侵占后，把火车站附近251万平方米土地划为其附属地。

## 东省铁路公司护路事务所旧址

东省铁路公司护路事务所旧址位于大连市胜利街 33 号。建于 1902 年，建筑面积 2169 平方米。这是一座近代欧式建筑，初为俄国铁路护路事务所。1907 年 4 月，这里就成了“满铁”的大连护路事务所。现由大连铁路公务段使用。2002 年公布为大连市第一批重点保护建筑。

## 大连水库及净水厂——饮水思源

生活中习以为常的事物似乎已经熟视无睹，可它们却又真切实在地关乎我们的生命，比如水。水是生命之源，每个生灵的繁衍生息离不开水的哺育与滋养。

## 龙引泉旧址

龙引泉遗址，位于今天的大连市旅顺口区人民政府道南（原旅顺口区水师营街道三八里村），占地 229 公顷。系清朝末年兴建自来水设施的发祥地，是中国最早的自来水工程。

记载这最早自来水工程的是立于光绪十四年（1888）五月的龙引泉碑，碑文如下：

> 钦命二品衔署理直隶津海关监督兼管海防兵备道、钦命镇守奉天金州等处地方副都统、钦命二品衔直隶按察使司按察使、钦加升衔署理奉天金州海防清军府为勒碑晓谕垂久事。案照旅顺口为北洋重镇历年奉旨筹办炮台船坞驻设海军陆师合营局兵匠等役，各机器厂水雷营电池及来往兵船，日需食用淡水甚多，附近一带连年开井数十口，非水味带咸即泉脉不旺。目勘得旅顺口北十里，地名八里庄，有泉数眼，汇成方塘，土人呼为“龙眼泉”。其水甚旺，历旱不涸，但分其半足供口岸水陆营局食用要需，应于其上建层数楹，雇本地土人看守，以免牲畜作践。池外暗埋铁管越溪穿陇迤逦以达澳坞四周及临海码头，至黄金山下水雷营等处。另分一管添做池塘，专供该处旗民食用灌溉。前月，据该处旗民联名禀称，所分出之水日久无凭恐全为军中所用，该处所有居民无水食用，恳请立碑存记等语，本司道等业据情详请钦差大臣督办北洋海军直隶爵阁督部堂李立案并咨本副都统暨本厅，均照该旗民所请立之情，应会同勒碑晓谕以便军民而垂久远为此示。仰该处旗民人等一体遵照特示。
>
> 右仰通知
>
> 光绪十四年五月告示碑立八里庄龙引泉上

据龙引泉碑文可知，光绪五年（1879）末，旅顺口海防工程肇始。为了解决“驻设海军陆师合营局兵匠等役、各机器厂、水雷营、电池及来往兵船”

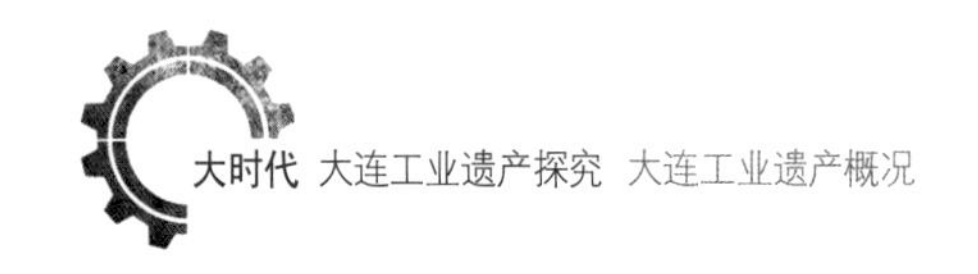


的用水问题，曾在旅顺港口“附近一带连年开井数十口，非水味带咸即泉脉不旺，”仍然未能解决上述人等用水。后来，“勘得旅顺口北十里，地名八里庄，有泉数眼，汇成方塘，土人呼为‘龙眼泉’。其水甚旺，历旱不涸，但分其半足供口岸水陆营局食用”。于是，远引山泉十余里，束以铁管埋入地中，穿溪越陇屈曲而达于澳坞之四旁，使水陆将士、机厂工匠便于朝夕取用，不致因饮水不洁，易生疫病。

龙引泉碑文还记载了驻旅顺口军队与当地居民共用“龙引泉”水的史实。军方在“龙眼泉”埋置铁管以供军需的同时，还“另分一管添做池塘专供该处旗民食用灌溉”。因“该处旗民联名禀称所分出之水日久无凭，恐全为军中所用，该处所有居民无水食用，恳请立碑存记”。为此，由钦命二品衔署理直隶津海关监督兼管海防兵备道刘汝翼、钦命镇守奉天金州等处地方副都统连顺、钦命二品衔直隶按察使司按察使周馥、钦加升衔署理奉天金州海防清军府马宗武，向钦差大臣督办北洋海军直隶大臣李鸿章汇报、请示之后，“照该旗民所请”，“勒碑晓谕，以便军民而垂久远。为此示仰该处旗民人等一体遵照”。可以说，龙引泉碑又是一篇军民共同饮用“龙眼泉”水的“安民告示”碑。

据日本统治当局旅顺民政署大正十四年（1925）编《旅顺要览》一书记载：“旅顺水道起源于明治十二年（光绪五年，1879），在距旅顺北部约一里二十多町的龙眼泉水源地，铺设的3400余间（合6120米）直径六寸的铁管，为当时的海陆军各营卫供水。”李鸿章光绪七年（1881）十月所上《订购快船来华折》中有“臣前往（委员会）同德弁汉纳根经营修筑凿石引泉工程已得大半”的记录。

据孙桂翠调查和研究，龙引泉自来水前期工程为光绪五年（1879）至光绪八年（1882），由清朝自行设计施工，德国工兵少校汉纳根协助修建。在地下4米处，砌筑龙引泉池，泉池长2.80米、宽2.40米、深3.60米。“于其上建屋数楹，雇本地土人看守以免牲畜作践”，在方塘旁，砌井 10 眼。其中圆形集水井 2 眼、方形检查井 8 眼。于地下 6~8 米处，砌筑拱形暗渠 4 条，总长为 442.30 米、宽 0.76 米、高 1.57 米。其中：第一条在龙引泉池东西两侧与泉池连接，长 74 米；第二条从 1 号井尽头至 6 号井，长为 229.30 米；第三条从 3 号井至 8 号井尽头，长 117 米；第四条从 8 号井向北延伸 22 米。后期工程是光绪十二年（1886）至光绪十四年（1888），由法国人德威尼承包。在 8 号井向东北延伸的拱形暗渠与浅暗渠衔接，浅暗渠总长约 342 米、宽 0.50 米、高 0.80 米，向东北延伸。至此，龙引泉的拱形暗渠与浅暗渠总长为：拱形暗渠 442.30 米 + 浅暗渠 342 米 = 784.30 米，与史料记载的数字基本吻合。在龙引泉方塘旁，铺设直径为 165 毫米，总长 10 余公里的铸铁管道。一管是根据地势的落差，穴山穿陇，沿龙河自然流下的方式，分别到达旅顺港、船坞至黄金山下水雷营等处。在旅顺船坞内建有淡水库、储水库各一座，“周澳三里余”范围内铺设自来水分管，总长 8098 米，淡水管 254 米，增设取水大小机器 18 具。“另分一管添做池塘，专供该处旗民食用灌溉”。这“池塘”距离龙引泉 200 米左右处，在现今养羊的地方。整个工程耗银 36537 两，于 1888 年竣工，形成了一个比较完备的城市供水体系，日供水量达 1500 立方米。

日本统治时期，于 1926 年 5 月至 1927 年 6 月，在龙引泉水源地内增加取水设施，汇水面积达 16.50 平方公里。在龙引泉以西大约 150 米处，建一座砖混双层集水井，地上部分直径 2.50 米、高 3 米；地下部分有待考证。在龙引泉以东大约 600 米左右的树林中，建一眼特大的集水井，集水井分两层，深 22 米，上层深为 4.80 米，下层深为 17.20 米，下层储水水深 8 米，井的直径为 5 米。下层 1.20 米处与方形暗渠相连通。此井的水是由大孤山、龙引泉的地下水汇集到此的。沿着山麓南面，由东到西，砌筑总长 246.60 米、高 1.10 米、宽 0.60 米的方形暗渠，这条暗渠是用来汇集地

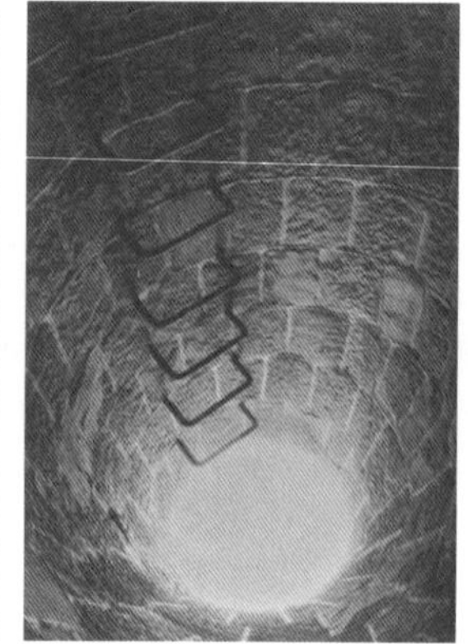

左：1879 年修建的龙引泉石碑
中：龙引泉暗渠上的圆形集水井
右：依然伫立的龙引泉石碑

下水，同时，分别在一定部位设置检查井 4 眼。

龙引泉水源地暗渠实际总长为 1030.90 米。其中：清末年间砌筑拱形暗渠 442.30 米、浅暗渠 342 米，日本殖民统治时期扩建的方形暗渠 246.60 米。[1]

龙引泉是大连地区城市供水最早的水源工程，首开了中国近代城市供水事业的先河。现在这条中国第一条自来水管线——龙引泉遗址，静静地隐匿在旅顺口区水师营街道三八里村一处寂寞丛生的树林中，远离纷繁嘈杂的城市，愈发显得宁静与清新。100 年后，1979 年 9 月 22 日，龙引泉完成了历史使命，停止了流淌。虽然当年叮咚的泉水声已被岁月淹没，难觅踪影，但这通由汉白玉镌刻的“龙引泉”碑却在岁月的剥蚀中依然挺立，诉说着那段创业之初的艰难和逝去的峥嵘岁月。

[1] 孙桂翠：《旅顺龙引泉》，大连出版社，2012 年，第 50~80 页。

1914年兴建的王家店水库值班室

1914年兴建的王家店水库坝顶取水塔，直径4米，门楣上书“惠泽润生民”。

## 王家店水库

位于大连市甘井子区红旗街道棠梨村。1914年4月动工兴建，1917年11月竣工，1919年正式送水，是大连市内最早兴建的水库。

## 大西山水库

位于大连市甘井子红旗街道湾家村。1927 年 8 月兴建，1934 年 3 月竣工，库容 1670 万立方米。周恩来总理曾于 1951 年 9 月到水库视察。

块石混凝土重力坝，全长 583 米，桥宽 3.2 米；取水塔一座；值班室，二层砖混建筑，室内安有日式壁炉。

上：1927 年兴建的大西山水库石筑大坝

下：1927 年兴建的大西山水库坝顶

## 龙王塘水库

位于大连市高新园区龙王塘街道官房子村。1920年8月开工建设，1924年3月竣工，工程费用达190余万日元。该水库占地面积254万平方米，蓄水面积3478万平方米，水库容量大堤高40米。大坝为块石混凝土筑成的重力坝。泵房内有3个送水泵，瑞士造，电机为1987年兰州电机厂制造，吊车1台。泵外壳和吊车是当年建造时安装。是一座以城市供水为主，兼顾防洪的中型水库。一边用以蓄水，一边是樱花如雪的公园。园内有单色单瓣、单色双瓣、双色双瓣等粉、白、红等品种樱花。有雪松、龙柏、星花玉兰等珍奇树种，盛开时芳香扑鼻，花瓣娇艳，花叶柔软如缎。

左：龙王塘水源地

右上：1920年兴建的龙王塘水库泵站

右下：龙王塘水库泵站内部

## 牧城塘水库

位于大连市甘井子区营城子街道前牧城驿村南。建于 1933 年 6 月 ~1935 年 8 月。总库容量 561.2 万立方米。混凝土心墙土坝，立有日本人建的“牧城塘贮水池竣工碑”。泵房内安装有日本昭和年间芝甫制造厂生产的诱导电机等。

01. 1933 年兴建的牧城塘水库泵房内部
02. “牧城塘贮水池竣工碑”碑正面
03. “牧城塘贮水池竣工碑”碑背面

## 小孤山水库

位于大连市高新园区龙头街道王家村。建于1935年，混凝土心墙土坝，现存泵站、水塔等。主要供旅顺城区用水，库容量740万立方米。俄国侵占大连时期是大孤山井。

## 孙家沟净水厂

位于大连市旅顺口区五一路42号，该厂始建于1898年3月，是俄国侵占旅顺口后为海军供水修建的水厂。日俄战争后，日本殖民统治者于1910年又进行部分扩建，现为旅顺自来水公司使用。

净水厂占地面积4.67万平方米，现存泵房和储水池两部分。泵房为砖石混凝土硬山式建筑，坐西北朝东南，长33.3米，宽12.5米，高2.5米，正门外凸，并设有两廊柱，门楣、窗梁均为拱形，略显欧式建筑风格。储水池现为一圆形水池。

1898年俄国始建，日本进行扩建的泵房。泵房内的2台净水泵为1933年生产，1934年安装，由日本荏原制造厂生产。上图为1898年，俄国修建的孙家沟净水厂泵房。
下图为孙家沟净水厂泵房内日本荏原制造厂1933年生产的净水泵。

上：1925年日本统治大连时期修建的闫家楼净水厂泵站
下：与闫家楼净水厂同期修建的净水池，门楣匾上书“天水一色”。

## 阎家楼净水厂

位于大连市金普新区阎家楼，占地面积2.43万平方米，始建于1925年，当时只是一座以水井为原水的漫滤池，1976年进行扩建。泵站建于1925年，现为仓库，内有两个当时用过的日本壁炉。

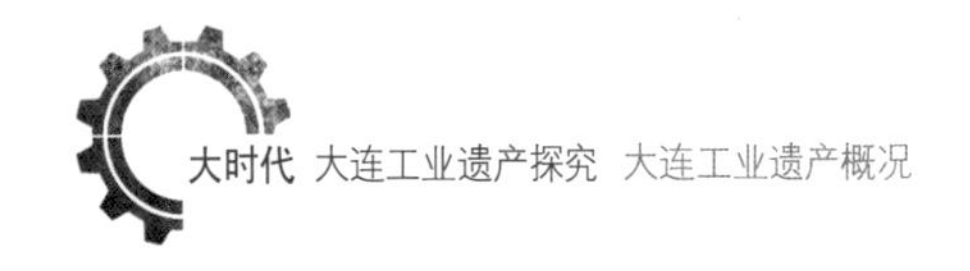



## 沙河口净水厂

在霓虹闪烁、高楼林立的大连市内，在立交桥盘旋交错，各式交通工具川流不息的间隙，有一座闹中取静的清雅院落。院内一隅两栋红砖小楼格外引人注目。这里就是沙河口净水厂。

这两栋典雅、别致的红砖建筑，始建于1917年，是日本殖民统治大连时期兴建的过滤室和泵房旧址。早在2003年沙河口净水厂实施改扩建时，被有意识保留了下来了，并进行了保护性维修。

2007年，在大连市第三次文物普查中，工业遗产调查课题组的同志来到了这里，发现这两栋红砖建筑，包括门上石匾均保存完好，建筑特点鲜明，当年过滤室内的净化水管道、阀门、水泵及整套过滤水设施都保留原状，遂将其列为大连重要的工业遗产。大连城市供水历史悠久，同时大连又是一个水资源非常缺乏的城市，如能把此处工业遗产改建成大连城市供水博物馆，必将使这两栋保留百年记忆的老建筑散发出新的生机与活力。为了实现这个目标，大连市自来水集团维修建筑、征集文物，撰写陈列大纲，整理旧档案……他们希望这处工业遗产旧址能早日通过功能置换，向世人展示大连城市供水的历史，让青少年了解城市自来水的来之为易。

上：1923 年的沙河口水源地

下：1932 年扩建后的沙河口净水厂全景

01

02

03

04

01. 1932 年扩建的沙河口净水厂过滤室

02. 1932 年兴建的沙河口净水厂泵房内部

03. 1932 年兴建的沙河口净水厂过滤室内部

04. 1932 年沙河口净水厂水泵机组

05. 保存完好的 1932 年兴建的沙河口净水厂泵站外景

06. 保存完好的 1932 年扩建的沙河口净水厂过滤室外景

07. 沙河口净水厂过滤室正门

08. 1932 年扩建的沙河口净水厂过滤室地下水泵

09. 1932 年扩建的沙河口净水厂过滤室地下管廊

05

06

07

08

09

## 台山净水厂

台山净水厂建于1920年。2000年停用。净水厂内保留有当年的全套净化水设施。有过滤室、混药室、沉淀池、原水井、配水池等。过滤室地下一层有管廊，送水泵2台、压力泵1台，地上一层有值班室、过滤室（4个操作台）、氯气室；地上二层为2个投药池、仓库等。

置身于净水厂绿树丛中，试想如果将这里改建成大连净水公园，该是一件非常有意义的事情。可以将化学沉淀池、净化水池以及各种生产管理设备都被有机地利用起来。净水厂的急速过滤室可以建成小型展览馆；地上二层可改成咖啡屋；沉淀池可以改建成公园里的水生动植物园；混药室可以建成环境教室，了解眼前水生植被的作用；净水池可改建成环境游乐场；被腐蚀了的净水设备倒在园内自然形成了工业雕塑。孩子们可以在公园里嬉戏打闹，可以了解相关植物的知识。保证了工业遗产能够原真地传递工业历史文化信息的同时，又为休闲游憩提供了独特基础设施。不但可以成功保存工业遗产的风貌和历史信息及部分功能，还将一块原已死气沉

01

沉、活力尽失的地方改造成一块生态净水教育的场所，唤醒人们对自然、生态环境的保护意识。

广和配水池。1899年由俄国始建，1902年建成，是大连市第一座城市供水配水池。这栋有着异域风格的俄式建筑就是俄国兴建的泵房，现已默默淹没在树丛中，显现着退出历史舞台的孤寂。

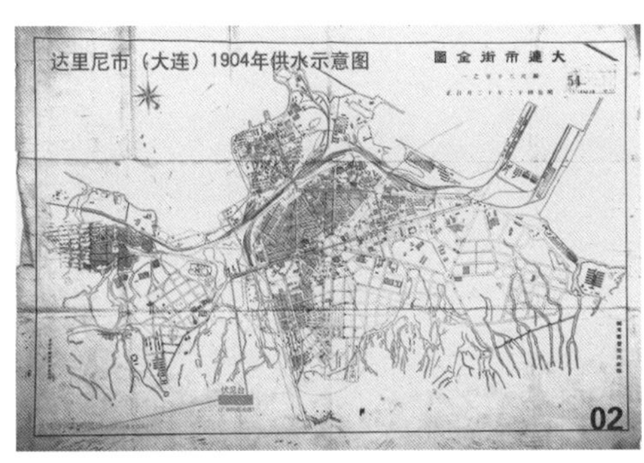

01. 1902年俄国修建的大连市第一座城市供水配水池——广和配水池

02. 1904年大连城市供水示意图

03. 广和街净水厂内俄国统治大连时期修建的泵房

04. 1920年兴建的台山净水厂过滤室

05. 1920年兴建的台山净水厂配药室

06. 1920年兴建的台山净水厂沉淀池

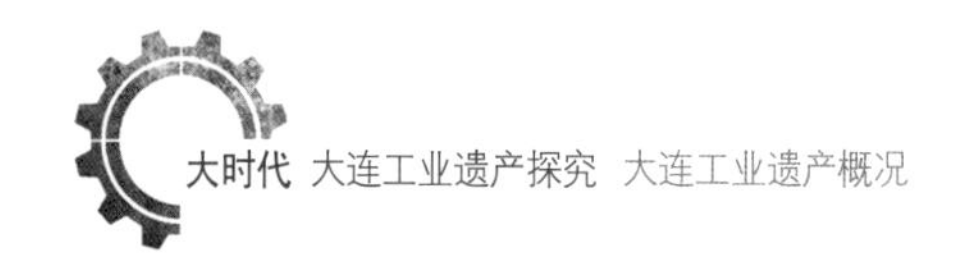


## 三道沟净水厂

位于大连市甘井子中沟街，占地面积29.9万平方米，始建于1939年，解放后几经改建。

过滤室建于1944年，一层为过滤室，内有8个操作台和过滤池。地下一层为管廊，共8组，全部设备为日本统治时期安装，管外壁有“昭和”字样，内管全部为黄铜材质。

三道沟净水厂目前还遗留有建于1944年的沉淀池、反应池、贮存原水的受水池、泵站。泵站经1987年改造，内部共有11组泵，其中8个是国产，由沈阳制造；另外3个，其中一个泵是荷兰造，电机是日本造，另外两个是德国造。还保存有1945年制造的5吨吊车。

上：1944年修建的三道沟净水厂过滤室地下管廊

下：1944年修建的三道沟净水厂泵房内部

## 南山净水厂

位于大连市金普新区南山岗北坡，占地面积7.5万平方米，建于1943年，因设备陈旧老化，现已停用。

泵站，建于1944年，内有两个2个净水泵，其中一个是日本三相诱导电动机；另一个是1975年沈阳水泵厂生产的离心式清水泵，电机是三相异步电动机（安川电机制作所株式会社制造）。

沉淀池，建于1944年。

上：1944年兴建的金州南山净水厂泵房外景

下：1944年兴建的金州南山净水厂沉淀池

## 东卡门净水厂

位于大连市旅顺口区东鸡冠山半山腰处，占地面积 4 万平方米，建于 1952 年，1954 年投入运行。当时是旅顺最大的净水厂。现存混药室、沉淀池、过滤室等。

上：东卡门净水厂大门

左下：东卡门净水厂滤过室操作台

右下：东卡门净水厂沉淀池

# 一路同行

大连，这座近现代的工业城市，落满了往昔的印记。这些来自岁月深处的印记就活在人们忙碌和不经意的日子里，虽然有的企业已不复存在，逐渐淡出人们的视野，但它们却真真切切地见证并记录了大连这座城市珍贵的工业记忆。

## 金州重型机器厂

金州重型机器厂，厂址位于金普新区龙湾路5号。其前身是日本统治时期的“满洲重机株式会社金州工厂”，建于1941年，1944年投入生产。日本投降时，苏军接管工厂，厂内全部设备被拆走，厂房和各种设备遭到严重破坏。工厂变成苏军的坦克修理厂。1955年由中国人民解放军0910部队接管，工厂成为我军的坦克修理和教练活动场地。在国家“一五”期间，该得到恢复建设，厂内面积46万平方米。

01. 金州重型机器厂重容车间，建于1941年，车间内有铁路通过，面积10200平方米。

02. 金州重型机器厂73年蒸汽机车

03. 金州重型机器厂产品

04. 石砌房屋，建于1941年，日本统治时期的劳工住处。

## 大连水泥厂

大连水泥集团第一水泥厂是国家重点水泥生产企业，始建于1907年，我国现有历史最久的水泥企业，位于甘井子区泡崖小区中心，占地64万平方米，年产水泥70万吨，自发电量8000万千瓦。大连水泥集团已于2008年3月搬迁至金州区七顶山乡。

大连地区制造水泥的原料——石灰石、黏土蕴藏丰富，极其适宜开办水泥厂，并且有充足的工资低廉的劳动力资源。经过考察，日本“小野田洋灰制造株式会社”最终选址大连西北郊泡崖子。1907年动工，1909年6月1日，竣工投产，名为“小野田洋灰制造株式会社大连支社”，通称小野田洋灰工厂。大连光复后，改名大连水泥厂，是我国内第一个水泥厂。

01

02

03

04

05

06

01. 1909年建立的小野田洋灰制造株式会社大连工场全景。年生产能力3万吨，产品销往中国东北、华南及日本、东南亚等地。1922年生产能力达到13.6万吨。
02. 建厂初期的办公楼。现生产处办公室，为日本红色“十”字楼，典型日本建筑。
03. 日本统治时期的水泥磨内部
04. 1993年大连水泥厂厂房
05. 拆迁前的水泥磨，日本统治时期的水泥生产厂房，解放后几经改造，沿用至今。
06. 拆迁前的水泥磨内部

## 大连发电厂

大连发电所位于大连市沙河口区解放广场西南侧的马栏河下游左岸。1919 年始建，1922 年竣工投产，名为天之川发电所，是日本殖民统治时期满铁经营的发电所，隶属“满铁”电气作业所。1945 年 8 月日本投降，发电所由苏联红军接管，同年 12 月，交由关东电业局管辖。

上：1919 年建成的大连天之川发电所，现大连第一发电厂。
下左：始建于 1922 年的大连第一发电厂发电生产厂房
下右：大连第一发电厂发电生产厂房内汽轮机厂房

## 大连电瓷厂

旧址位于大连市西岗区通山街20号，西岗区北岗桥的大连电瓷厂旧厂院里。1912年，“满铁”中央实验所在此建窑业实验厂。1913年10月建立大华窑业株式会社（大连电瓷厂前身）。1928年第一次中共关东县委会议在这里召开。解放后，一直作为大连电瓷厂厂房，是新中国电瓷产业的摇篮。

01. 大华窑业株式会社全景

02. 原达里尼铸铁工厂，后为大华窑业株式会社车间，为大连电瓷厂前身。

03. 大华窑业株式会社工场生产时的情景

04. 大华窑业株式会社正门

05. 2010 年 5 月旧厂区拆迁后，只留下穿越百年的砌厂房框架。

06. 2010 年 5 月 15 日旧厂区拆迁时的情景

## 金州纺织厂

金州纺织厂位于大连市金普新区五一路354号。大连纺织工业起源于金州。1887年9月1日，日本大阪市秋马新三郎、涩谷庄三郎等八大棉商集资50万日元，创立了有限责任内外棉会社。1893年12月21日，更名为日本内外棉株式会社。社址设在日本大阪市。在中国设有上海、青岛、金州三个支店。1921年，内外棉株式会社决定在金州投资建厂，1922年兴建，1924年4月，厂房土建工程竣工，系砖木结构锯齿式厂房。1925年2月，正式投产。1926年7月24日更名为内外棉株式会社金州支店。到1934年时，已成为拥有职工4100名，织布机2000台，纱锭10万锭的大型纺织厂。金州支店设3个工厂，分3期建成。至1939年，年生产能力为：大布160万匹；棉纱3.5万多件。金州支店内机器设备除少数的普通织布机外，其余全部是自动高速的，是当年大连最大的纺织厂。

日本投降后，由苏联红军接管。1947年7月移交关东公署实业公司。1948年2月4日，更名为金州纺织工厂。金纺以“发展生产，安定民生”和支援全国解放为宗旨，提出了“多纺纱，多织布、支援前线打胜仗”和“军队向前进，生产长一寸”的口号，开展各种形式的劳动竞赛活动，有力地推动了生产的发展。1950年，产品有工农牌单斜纹布、灯塔牌白粗布、火车头牌标准布、工农牌双斜纹布、舵手牌白细布、翻身牌粗布、帆船牌细帆布、赤十字牌药布等。

01. 1922 年金州纺织厂施工时搭建的临时窝棚

02. 1922 年金州纺织厂试投产厂房施工

03. 1924 年金州纺织厂上梁仪式

04. 1925 年金州纺织厂试投产

05. 内外棉株式会社金州工场车间

06. 1938 年金州纺织厂鸟瞰图

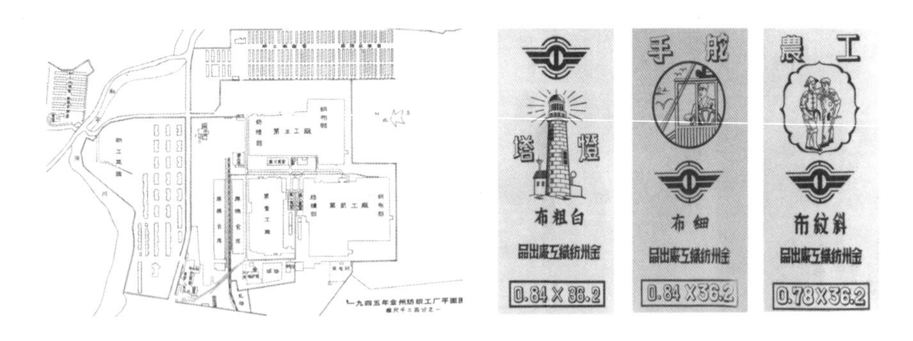


左：1945 年金州纺织厂平面图

右：金州纺织工厂各品牌布料商标

并纱机上的标识

金州纺织厂生产用并纱设备，系 20 世纪 20 年代建厂时安装使用并沿用至今。上铸有“TOYODA’S LOOM WORKS.LTD”，意即“丰田纺织设备有限公司”。该设备主要用于将 2 股或 4 股纱合并成 1 股，卷成重 1.5 公斤左右纱锭，供纺织用。该机传动简单，运行故障少，断面平齐，拉网少。是大连近代纺织工业发展的实物见证。

01. 02. 一织布车间旧址。始建于 1939 年 4 月，建筑面积 13810.4 平方米。

03. 二织布车间旧址。始建于 1939 年 4 月，10 月土建工程竣工，建筑面积 13810.4 平方米。

04. 金州纺织厂成品仓库

05. 金州纺织厂办公楼

06. 建于 20 世纪 20 年代的成品仓库旧址

## 大连纺织厂

01

大连纺织厂位于大连市甘井子区周水子街道周盛社区周家街 15 号。其前身为“满洲福岛纺绩株式会社”，简称“福纺”，是日本福岛纺绩株式会社的分厂。1922 年 4 月开始筹建，1925 年 1 月投产。

1926 年 4 月 27 日，福纺的 1000 多名工人，为反对日本统治当局的压迫，在大连中华工学会领导下，举行了震惊中外的“百日”大罢工。经过 101 天的斗争，终于迫使日本殖民当局无条件地答应了工人提出的全部要求，这一壮举在中国工运史和中共党史上写下了光辉的一页。

02

1945 年 8 月日本投降后，福纺由苏军接管，1946 年 4 月 27 日，移交给大连市政府，更名为大连纺织厂。

03

01. 大连纺织厂老厂房

02. 大连纺织厂老变电所

03. 大连纺织厂生产的军需品

04. “四二七”大罢工指挥部，当时的福纺纱厂夜校旧址。

05. “满洲福纺株式会社”纱厂车间

商标从左至右分别是：毛巾商标、汗衫商标、大连纺织工厂商标（第一行）

卫生衣商标、卫生衣商标、卫生衣商标（第二行）

上：1990 年大连纺织厂

下：1990 年大连纺织厂织布车间

## 瓦房店纺织厂

瓦房店纺织厂旧址位于瓦房店市大宽街三段265号，建于1935年12月，其前身为“满洲制丝株式会社”旧址。现有遗存为建于1935年的办公楼旧址和生产车间。

左：1989年大连瓦房店纺织厂工人在操作

右：1990年大连瓦房店纺织厂

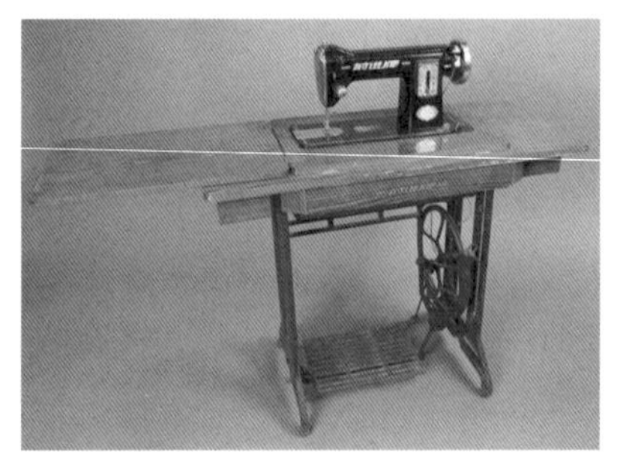
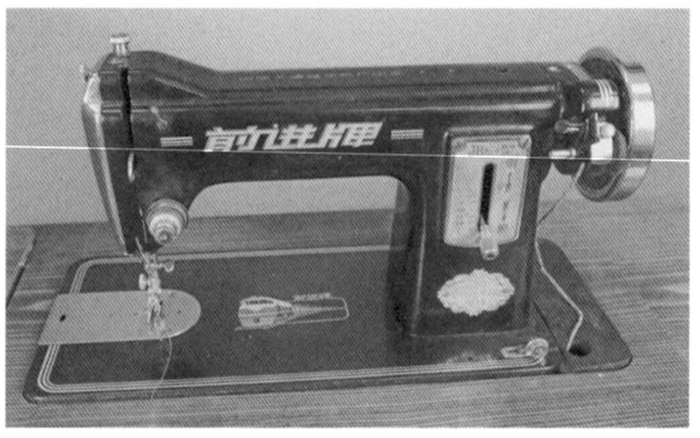

前进牌缝纫机

四大件，又名三转一响，是中国在20世纪50年代后期出现的名词，包括自行车、缝纫机、手表、收音机。这四大件，大连都有自己的本地品牌。不过，要说最早的，还是缝纫机。那时候，凭票供应的缝纫机只有大连产的前进牌和上海产的蝴蝶牌两个牌子，若论“泼实”、“抗用”，还是前进牌。

大连地区在建国前没有缝纫机制造业，1958年大连小五金厂在生产插销、合页、皮带卡子等小五金产品的基础上，试制成功“JB1－2型”家用缝纫机，当年投入试生产。当时，从事生产缝纫机的工人50余人，年产缝纫机127架。

缝纫机投产后的头几年产品处于亏损状态，是以老产品养新产品。1962年企业逐步转向缝纫机专业生产，缝纫机产品也逐渐由亏损转为盈利。1963年1月1日大连小五金厂改为大连缝纫机厂，成为缝纫机专业生产厂，是一个具有铸造、机械加工、电镀、热处理、烤漆、组装等多能生产的企业。1978年7月成立大连缝纫机总厂，下属大连缝纫机铸造、台板、紧固件及配件加工等共10个厂。1981年7月成立大连飞马缝纫机联合公司，有10个直属厂，设研究所和情报站各一个，外有8个固定协作厂。

大连的家用缝纫机自1958年问世至1982年的24年间，共生产286万架，其中出口1488架，上缴利税总额1.2亿元。由于人民生活水平的提高，不再补缝和自制服装，因而从1983年起缝纫机市场不断缩小。1984年，大连的“飞马牌”、“前进牌”家用缝纫机，经不住市场竞争的考验，终于被迫停产。

“‘前进牌’开始不叫‘前进牌’，它最开始的名字是‘跃进’。”由于缺乏专业技术设备与人员，大连最初的缝纫机产品并不出彩。“跃进牌”缝纫机在1959年、1960年全国缝纫机专业会议上，质量分别被评为中游和下游。1961年“跃进牌”商标改为“飞马牌”，年产量降到2419架。为突破质量关，1962年初成立了专门质量检查机构、设计量室、化验室。改造投产专用设备、加强工艺技术管理和质量管理使产品质量有了明显提高，1963年2月参加全国缝纫机行业质量鉴定，列全国17个厂的第6位，11个新兴厂的第2位。1965年，质量鉴定为95分（全国最高分为98.2分），大大缩小了与国内先进水平的差距。1966年开始外销，当年出口量为100架。1967年，商标改为“前进牌”。1980年获辽宁省优质产品奖，被评为北方三省二市第一名。

1982年，年产缝纫机43万架，实现利润958.5万元，在保留“前进牌”的同时，恢复了“飞马牌”商标，成为全国缝纫机行业八大家之一。1983年投产“J12-1”型旋梭中速电动多能缝纫机，具有平缝、绣花、锁眼、钉扣、码边、双针等8种功能，当年产450架，获大连市和辽宁省一轻工业优秀新产品奖。

前进牌缝纫机不仅仅是实用的家庭必需品，更是和大连人生活成长的年代息息相关的时代符号。小小的缝纫机记录的是大连轻工业的发展与辉煌。

## 生产大连人儿时记忆的轻工企业

重工业关乎“国计”，而轻工业则在乎“民生”，建国初期，大连的轻工业大多是简单的手工生产，产品品种单一，产量低，质量也比较差。经过几十年的不断进取，大连的轻工业有了长足的发展，截止20世纪90年代末，大连的轻工业发展出了有机玻璃搪瓷制品、文具造纸、印刷、日用机械、日用金属、日用化工、罐头食品、饮料酒、轻工机械等九大行业五十余家企业；已经形成塑料、家具、工艺美术、服装、皮革制品、鞋帽、日用金属、五金工具、家电、手表、轻工机械、衡器、文教用品、玩具、模具、室内装饰、修配服务等十七个较大的行业。轻工产品中，葡萄酒、玻璃制品、搪瓷洗衣机、铅笔、保温瓶、木钟、线缝皮鞋、双桶洗衣机、童帽等获评国家及省部级优秀产品，在市场上享有很高的声誉。

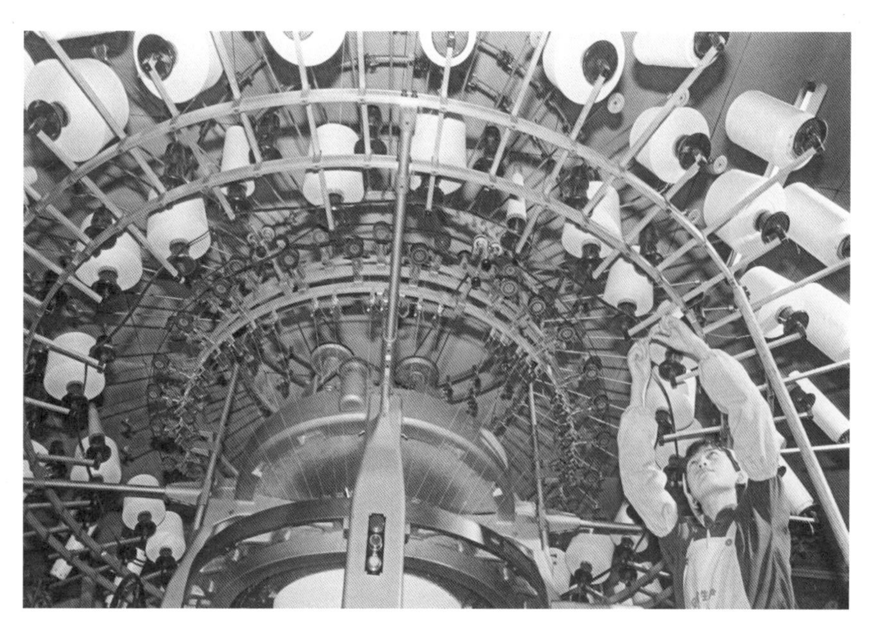

1986年大连针织厂车间（生产泳装、蚊帐）

1986年大连经编厂样品室

1988年大连钟表厂样品室

1988 年大连皮鞋四厂质检间

1990 年大连酒厂生产线

20 世纪 90 年代的大连辐条厂生产车间

1991 年大连第八服装厂生产车间

1991 年大连第十三塑料厂生产车间

1991 年大连手表工业公司组装车间一角

1992 年大连显像管厂车间

1992 年大连印染厂染布车间

1993 年大连耐酸泵厂生产车间

1993 年大连冷冻机厂车间

1993 年大连万事通电信电缆公司生产线

1993 年大连塑料彩印车间

1993 年大连制帽厂工人在做产品检查

1994 年大连吸尘器厂生产车间

# 大连工业遗产的保护和利用

工业遗产是一门独特的“工业语言”，有着自身的魅力与价值；它是工业文明的历史体现，是记录一个时代经济社会、产业水平、工程技术等方面的文化载体；是工业历史的“活文献档案”，已成为研究近现代工业史的珍贵实物资料。

# 工业遗产保护运动的兴起

## 工业革命的爆发

工业革命始于18世纪60年代的英国，首先从纺织业开始，英国绘图工詹姆斯·哈格里沃斯发明了珍妮纺纱机，瓦特发明了蒸汽机。1789年，理发师阿克莱特在克隆福德开设水力棉纺织厂，雇工600余人，世界上第一家资本主义近代工厂诞生了。先进科技促使近代工业的产生和发展，资本主义近代工业横空出世。随着蒸汽机的发明以及它在化学、采掘、冶金、机械制造等部门的广泛应用，使得经济得到进一步的发展。继英国之后，19世纪，法、德、美等国相继完成工业革命。大工业的建立为资本主义制度的建立奠定了物质技术基础。工业革命促进了资本主义生产力的迅速发展，提高了生产社会化的程度。

从1750年英国工业革命爆发到现在，已经过去了267年。工业革命在改变人们生活的同时也改变了城市和乡村的景观，技术的迅猛发展使工业设施随处可见，人们为大工业发展欢欣鼓舞，因为它记载了人类历史重要的一页。然而，20世纪70年代开始的经济转型，使传统工业纷纷倒闭，高新产业逐渐取而代之，原有的煤、矿资源逐渐枯竭，工业设施不断被遗弃和荒废。

随着时间的推移和历史的沉淀，传统工业遗迹越来越具有“化石标本”的意义，传统工业文化逐渐成为工业发达国家历史文化遗产的一部分，价值大大增加。为了挽救这些被遗弃和毁坏的矿山、工厂等，联合国教科文组织把这些工业遗迹以及杰出地表现了当时工程技术水平的运河、铁路、桥梁以及其他形式的交通和动力设施，收入了“世界遗产名录”。生锈的高炉、废旧的工业厂房、生产设备、机械不再是肮脏的、丑陋的、破败的、消极的；相反，它们是人类历史遗留的文化景观，是人类工业文明的见证。这些工业遗迹作为工业活动的结果，饱含着技术之美。工程技术建造所应用的材料、所造就的场地肌理，所塑造的结构形式，如画的风景一样打动人心。

## 工业遗产保护的出现

工业遗产保护起源于欧洲，是从对工业历史进行深入研究的工业考古开始的。早在19世纪末叶，英国就开始关注工业遗产的保护。在英国，人们对工业遗存的价值的认识是因为对“辉煌工业帝国”的怀念，是那些关注英国早期工业革命的痴狂者热衷的事情，而如今已经成为全世界各大学和博物馆的学者们倾注全部心力研究的课题。

1955年，英国伯明翰大学的M·里克斯在一篇文章中首先提出了“工业考古”这一概念，标志着专业化的工业遗产保护的诞生。随着人们对工业历史在遗产中的重要作用的理解与日俱增，对工业文明——这个人类文明进步的产物开始以“工业考古”式的眼光进行挖掘。英国工业考古就是从铁桥峡谷开始的，英国也成为世界上开展工业考古最早的国家，正因为铁桥峡谷具有象征意义，它也成为工业考古的开始之地，被尊为工业遗产保护与研究的“圣地”。

随着工业化的加速进程，至20世纪70年代，较为完整的保护工业遗产的理念逐渐形成。1973年，在世界最早的铁桥所在地——铁桥峡谷博物馆召开了第一届国际工业纪念物大会（FICCIM），引起了世界各国对于工业遗产的关注。1978年在瑞典召开的第三届国际工业纪念物大会上，国际工业遗产保护委员会（TICCIH）宣告成立，会员来自世界各地，包括历史学家、考古学家、博物馆学者、教师、学生、保护工作领域专业人员和有志于工业遗产保护的人士等。该组织成为世界上第一个致力于促进工业遗产保护的国际性组织，同时也是国际古迹遗址理事会（ICOMOS）工业遗产问题的专门咨询机构。它标志着工业遗产的保护开始迈上全球化合作的道路。该组织随即开展的大量工业遗产保存、调查、文献管理及研究工作，促进了工业遗产保护理念的逐渐普及。

1986年铁桥峡谷被联合国教科文组织正式列入世界文化遗产名录，成为世界上第一个因工业而闻名的世界文化遗产。1988年联合国教科文组织开始把这些工业遗迹以及充分表现了当时工程技术的运河、铁路、桥梁、交通和动力设施，收入"世界遗产名录"。工业遗迹作为人类文明和城市发展的见证，与那些古代的宫殿、城池和庙宇一样，成为承载人类历史的重要媒介和人类历史遗留的文化景观。

国际社会对工业遗产保护形成广泛共识则是在千年世纪之交。然而，仅仅数年，工业遗产保护运动即迅速波及所有经历过工业化的国家。1999年国际古迹遗址理事会在墨西哥召开大会，会议期间收到一些呼吁保护包括工业遗产在内的"现代遗产"的提案。2000年在联合国教科文组织世界遗产中心的濒危遗产报告中表达对19、20世纪一些正处于被废弃或被拆除命运的工业遗产的忧虑。同年，国际古迹遗址理事会和国际工业遗产保护委员会在伦敦签署了合作伙伴协议，决意携手保护工业遗产。从2001年开始，国际古迹遗址理事会同联合国教科文组织合作举办了一系列以工业遗产保护为主题的科学研讨会，促使工业遗产能够在《世界遗产名录》中占有一席之地。

## 工业遗产的定义

2003年7月，在俄罗斯下塔吉尔（Nizhny Tagil）召开的TICCIH大会上通过了由该委员会制定和倡导的专用于保护工业遗产的国际准则，即《下

塔吉尔宪章》。宪章阐述了工业遗产的定义，指出了工业遗产的价值，以及认定、记录和研究的重要性，并就立法保护、维修保护、教育培训、宣传展示等方面提出了原则、规范和方法的指导性意见。ICOMOS 也于 2005 年 10 月在中国西安举行的第 15 届大会上做出决定，将 2006 年 4 月 18 日“国际古迹遗址日”的主题定为“保护工业遗产”，希望利用这一机会，使工业遗产保护成为全世界共同关注的课题。

工业遗产涉及的领域十分宽泛，《下塔吉尔宪章》中阐述的工业遗产定义反映了国际社会关于工业遗产的基本概念：“凡为工业活动所造建筑与结构、此类建筑与结构中所含工艺和工具以及这类建筑与结构所处城镇与景观，以及其所有其他物质和非物质表现，均具备至关重要的意义”。“工业遗产包括具有历史、技术、社会、建筑或科学价值的工业文化遗迹，包括建筑和机械，厂房，生产作坊和工厂，矿场以及加工提炼遗址，仓库货栈，生产、转换和使用的场所，交通运输及其基础设施，以及用于住所、宗教崇拜或教育等和工业相关的社会活动场所”。[1] 由此可以看到工业遗产无论在时间方面、范围方面，还是内容方面都具有丰富的内涵和外延。

近年来，工业遗产的概念在继续扩大，其中“工业景观”的提出引起了人们的关注，一些国家已经开始实施广泛的工业景观调查和保护计划。国际工业遗产保护委员会主席 L. 伯格恩（L. Bergeron）教授指出：“工业遗产不仅由生产场所构成，而且包括工人的住宅、使用的交通系统及其社会生活遗址等等。但即便各个因素都具有价值，他们的真正价值也只能凸显于他们被置于一个整体景观的框架中；同时在此基础上，我们能够研究其中各因素之间的联系。整体景观的概念对于理解工业遗产至关重要”。[2]

[1] 张松：《城市文化遗产保护国际宪章与国内法规选编》，同济大学出版社，2007 年，第 10 页。

[2] P. 威克林：《威尔士历史遗迹：“工业景观”》，《世界遗产大会报告》第 3 期，1998 年，第 15 页。

## 中国工业遗产保护理念的诞生

中国城市的发展在长期停滞之后，在近二三十年呈现出一种冒进的倾向，城市领导者普遍热衷于大规模的城市更新，并使之展现“现代化”城市面貌。大多数人更愿意眼前展现出高楼林立、道路宽直的现代城市图景。对于历史环境的保护和改造，很多人缺乏信心和耐心去等待需要长期付出精雕细琢之功的保护与再利用。正是社会上这种普遍的浮躁心理和观念倾向，以及决策层急功近利的心态所造成的决策不当，导致了许多历史地段的大拆大建。“日新月异”和“大手笔”成为赞美城市更新的一种常用语。一般所谓的保护只是各级文物保护单位进行保护，对其他历史地区则放宽甚至放弃保护的要求，而其中城市更新中待开发的工业遗存看作是过去落后的反映而首当其冲。

令人欣喜的是，2006 年 4 月 18 日，“古遗址日”的主题定为“保护工业遗产，首届中国工业遗产保护论坛在无锡召开，通过了有关工业遗产保护的文件《无锡建议》，首次在国内提出了工业遗产保护的理念，并将工业遗产定义为：工业遗产是文化遗产的重要组成部分，是指具有历史、社会、建筑、科技、审美价值的工业文化遗存，包括建筑物、工厂车间、磨坊、矿山和相关设备，相关加工冶炼场地、仓库、店铺、能源生产和传输及使用场所、工艺流程、数据记录、企业档案等物质和非物质遗产。与会专家学者认为，城市建设进入高速发展时期，一些尚未界定为文物、未受到重视的工业建筑物和相关遗存没有得到有效保护，正急速从现代城市消失。呼吁全社会提高对工业遗产价值的认识，尽快开展工业遗产的普查和认定评估工作，编制工业遗产保护专项规划，并纳入城市总体规划。

2006 年 5 月，国家文物局向各省区市文物和文化部门发出了《关于加强工业遗产保护的通知》，指出：“工业遗产保护是我国文化遗产保护事业中具有重要性和紧迫性的新课题”。2007 年全国第三次文物普查工作启动，首次将工业遗产纳入普查范围。

# 工业遗产的价值

工业遗产是一门独特的“工业语言”，有着自身的魅力与价值；它是工业文明的历史体现，是记录一个时代经济社会、产业水平、工程技术等方面的文化载体；是工业历史的“活文献档案”，已成为研究近现代工业史的珍贵实物资料。

工业遗产是工业文化的遗存，尽管部分遗产已经完全丧失了最初的生产功能和经济效益，但它们具有独特的历史价值、社会价值、科技价值、经济价值和美学价值。认定和保存有多重价值和个性特点的工业遗产，对于提升城市文化品位，维护城市历史风貌、改变“千城一面”的城市面孔，保持生机勃勃的地方特色，具有特殊意义。因此，保护工业遗产就是保持人类文化的传承，培植社会文化的根基，维护文化的多样性和创造性，促进社会不断向前发展。

## 工业遗产的历史价值

工业遗产见证了工业活动对历史和今天所产生的深刻影响，每一项工业遗产，都记录着特定的历史活动信息。工业时期留下的大量工厂、设施、相关建筑物和街道，已成为城市景观的一部分，并因影响着几代人的生活和工作而形成了社会共同的历史记忆。对它们进行保护和复兴，意味着保存其所在城市的公共识别性和认同感，保存城市的发展脉络和历史足迹。忽视或者丢弃这一宝贵遗产，就抹去了城市一部分最重要的记忆，使城市出现一段历史的空白。因此，工业遗产作为真实的历史证据，凝结了不可磨灭的历史价值。

## 工业遗产的社会价值

工业遗产是城市文明进程的见证者，它们见证了工业大发展的辉煌，也记录了大批产业工人的工作生活，可以说工业遗产就是以工业为主的近现代社会发展的鲜活教材。因其所承载的时代精神、企业文化与产业工人的优秀品质成为那个时代的重要标志，是对一批又一批传统产业工人做出的历史贡献的尊重和肯定，对于众多技术人员和产业工人及其家庭来说有着特殊的情感，也是社会认同感和归属感的基础。同时，工业遗产会成为城市深层的精神纽带，成为全体市民内心深处对自己所在城市的共同体验。同时工业遗产通常具有民族性和国家性，象征着一个民族的创造精神，有助于增进民族自豪感和凝聚力。

## 工业遗产的科技价值

工业遗产见证了科学技术对工业发展所做出的突出贡献，工业发展强大的生产力来源于科学技术的先进性，科学技术就是生产力，可以说对工业遗产科学价值的探讨就是对近现代社会生产力发展研究的细化。工业遗产中的厂房、机器、各生产线都是活生生的教材，它能帮助人们认识工程技术原理、生产工艺流程，激发青少年热爱科学、勤于思考的热情。此外，工业遗产是在近代科学与工业革命历史进程中随着时间的推移而沉淀生成，它体现了人类的聪明才智，因为许多工业遗产中包含着天才的科技发明与创造，其中包括对自然规律的洞悉以及科学的生产与组织方式等，都会对后人产生科技方面的启迪。

## 工业遗产的经济价值

工业遗产的经济价值是指将工业遗产保护与经济社会发展、产业更替等结合起来，在保护工业遗产真实性和完整性的前提下对其进行再利用的价值。我们可以开展工业遗产旅游，开发它的商业价值；其次，还可以利用工业厂房建筑结构坚固、空间宽敞、使用寿命长等特点，开发它的使用价值；最后，对工业遗产保护可以避免资源浪费，减少建筑垃圾，促进社会可持续发展。因此，在当今商品经济社会中，旧建筑再利用不可回避的一个问题是经济效益。对工业遗产进行保护再利用可以节约三方面的成本：一是节约了拆除旧建筑、整理场地的费用；二是在保留大部分原有建筑主体结构的情况下，节约了部分土建费用；三是由于施工周期短，节约了施工的人力成本。

## 工业遗产的审美价值

工业遗产见证了工业景观所形成的无法替代的城市特色，具有明显区别于其他城市的独立性。而且高品质的工业遗产，包括典型的工业建筑、设计精巧的机器等，其构造逻辑和精密结构是现代主义建筑美学、机器美学的直接表现，具有重要的美学价值。如广东中山岐江公园的设计中，始建于 1953 年的粤山造船厂的一些机器适当改造成了公园有意义的雕塑，船厂的建筑保留作为功能用房，原有的钢骨架刷漆增添了机械结构美，再结合原有的轨道进行设计，营造出了一种现代的休闲公共空间，人们可要在公园里散步、休憩、交流，更有年轻的新人在这里拍婚纱照。公园的开放让市民得到了一处充满回忆的温馨场所。工业遗产在这里流露出理工科思维的智性之美，流露出机器工业的力学之美，更难能可贵的，流露出往昔劳动的美，特定年代艰苦创业的美，其美学价值发挥得淋漓尽致。

# 工业遗产的保护和利用模式

工业遗产的保护活动起源于最早开始工业化的英国，随着工业化进程的加速，较为完整的工业遗产保护模式逐渐形成。从世界范围看，对工业遗产的保护和利用主要有博物馆、公共休闲空间、创意产业和旅游购物等四种模式。

## 博物馆模式

每座城市都有自己的发展足迹，工业建筑遗产就像是城市的记忆库，将其改造成博物馆是对城市历史和文化的重新认识和回归。坐落于巴黎市中心塞纳河左岸，由奥塞火车站改建的奥塞博物馆是法国对旧建筑的保护与再生的设计脉络中最闻名遐迩的例子，改造设计充分尊重了车站原有的特色，将过去的走道作为主要展厅区，整幢建筑宏大唯美，与展出的印象派画作相映成趣，并与卢浮宫、蓬皮杜艺术中心并称为巴黎三大艺术博物馆，被誉为“欧洲最美的博物馆”。[1]

## 公共休闲空间模式

对那些占地面积较大，处于居民区，其厂房、设备等具有较大保留价值的工业遗产，可以考虑将其改造为景观公园，建造一些公众可以参与的游乐设施，作为人们休闲和娱乐的场所。德国北杜伊斯堡景观公园就是用

[1] 卫东风、孙毓：《从奥塞车站到奥塞博物馆的启示》，《南京艺术学院学报》2007 年第 4 期，第 168~171 页。

景观设计的方法对工业遗产废弃地进行再利用的先例。北杜伊斯堡景观公园建在著名的蒂森钢铁公司所属的北杜伊斯堡钢铁厂，1985年停产，它曾是一个集采煤、炼焦、钢铁于一身的大型工业基地。现在亦被改造为一个以煤——铁工业景观为背景的大型公共游憩公园。废旧的储气罐被改造成潜水俱乐部的训练池；堆料场被设计整修为攀岩者的乐园；一些厂房和仓库被改造成迪厅和音乐厅，甚至交响乐这样的高雅艺术都开始利用这些巨型的钢铁冶炼炉作为背景，进行别开生面的演出活动。[1]

## 创意集市的开发模式

许多工业遗产内部可能已经没有多少遗留物了，但是房间宽敞，有工业文明的气息，成为艺术家们青睐的创意场所。因此，将这类工业遗产开发成艺术家工作室、画廊是再合适不过了。如2004年底完工的“八号桥”一期工程已经成为上海时尚的代名词，通过对建于20世纪50~80年代的上海汽车制动器制造厂8栋厂房的重新规划和定位，搭建起上海创意产业设计的最佳交流平台。[2]

## 与购物旅游相结合的综合开发模式

对位于城市中心区，具有改造潜力的工业遗产，可考虑对其进行集购物、娱乐、休闲、旅游于一体的综合开发。例如，奥地利维也纳煤气厂有四个硕大的储气罐，第一个被改成了300间的总统套房，第二个被改成了5A级智能商务楼，第三个被改成了一个大卖场，第四个被改成了娱乐中心，这四个煤气罐由此成为当地的旅游名胜。

在工业遗产的保护体制方面，发达国家主要采用非营利体制，既利用

[1] 岳宏：《从世界到天津——工业遗产保护初探》，天津人民出版社，2010年，第39~48页。

[2] 单霁翔：《关于保护工业遗产的思考》，中国文物报，2006年6月2日第1版。

市场机制，又保持遗产的公益性和公共性。法国、英国、意大利等国家正在突破由国家对文化遗产事业统揽统包的格局，开始重视公众在遗产方面的文化消费，将遗产保护与市场经营相结合，充分发挥政府通过制定法律、规章、标准，提供经费等，对遗产保护运营进行监管与支持的作用。

# 国外工业遗产保护利用的经验

## 英国工业遗产保护利用

英国是工业革命的源头，从18世纪60年代到19世纪40年代，在近百年的生产力发展过程中，工业革命使英国在机器制造、纺织、开矿、冶炼以及交通运输等物质生产方面走在了各国前列，不仅促使英国崛起，成为“世界工厂”，而且成为世界中心。在英国，人们对工业遗存的价值的认识是因为对“辉煌工业帝国”的怀念，是那些关注英国早期工业革命的痴狂者热衷的情怀，而如今已经成为全世界各大学和博物馆的学者们倾注心力研究的课题。

工业遗产保护和研究也开始于英国。1955年，英国伯明翰大学的M·里克斯在一篇文章中首先提出了“工业考古”这一概念。他在这篇文章中指出：“英国作为工业革命的诞生地，留下了丰富记录那个时代及事件的遗迹，……，国家应该设置机构和建立相关章程，以保护那些深刻改变地球面貌的工业活动的遗迹……”[1]他认为工业考古学是研究工业革命创造的初期的遗物……，是关于初期工业活动的遗迹、结构，特别是工业革命纪念物的记录，并对其进行保存和解说。[2]英国工业考古就是从铁桥峡谷开始的，

---

[1] 田燕、林志宏、黄焕：《工业遗产研究走向何方——从世界遗产中心收录之近代工业遗产谈起》，《国际城市规划》2008年第23卷第2期，第50页。

[2] 言心：《国外产业考古学的兴起和发展》，《博物馆研究》1989年第2期，第28页。

英国也成为世界上开展工业考古最早的国家，正因为铁桥峡谷具有象征意义，它也成为工业考古的开始之地，被尊为工业遗产保护与研究的“圣地”。1986年铁桥峡谷被联合国教科文组织正式列入世界文化遗产名录，成为世界上第一个因工业而闻名的世界文化遗产。

铁桥峡谷原名塞文河谷，早在中世纪就是炼铁中心，到18世纪中后期，当地的科尔布鲁克代尔公司城为世界上最大的铁厂。1779年，这里建造了世界上第一座铁桥。不久，世界上第一个蒸汽火车头也诞生在这里，焦炭、铁、钢、蒸汽机这四个促成工业革命技术加速发展的主要因素，全

01. 英国铁桥峡谷全景

02. 英国铁桥峡谷铁桥

03. 夕阳下的英国铁桥峡谷铁桥

04. 英国铁桥峡谷影像展览室，展出铁桥峡谷的历史和工业文明。

05. 英国铁桥峡谷钢铁博物馆

06. 英国铁桥峡谷户外博物馆之一，展示那些怀旧风格的商店、面包店。

部诞生在铁桥峡谷，昭示着工业革命时代的到来。19 世纪衰落时代到来后，英国政府于 20 世纪 60 年代开始进行遗产保护，80 年代开创工业旅游先河。它主要通过恢复生态环境、建造各式各样的主题博物馆的形式来发展旅游业。由厂房改建的博物馆群，沿着塞文河谷蔓延十余公里，展示了世界各种古老产业的发展史，如瓷器博物馆、瓷砖博物馆、铁器博物馆、矿井博物馆和焦炭冶炼遗址博物馆等，青山绿水掩映着古老的工业遗址，别有一番情趣。保留重建的一个 19 世纪的工业小镇，生动地再现了当时的生活、生产场景。[1] 这里已成为一种新型的旅游目的地，目前平均每年约有 30 万人到此游览。

英国工业遗产保护实践主要体现在两个方面：一是兴建了一批保存工业遗产的博物馆。二是保留了一批露天的工业遗址，如矿场、铁路、运河、炼铁炉遗址等得到了保护。在英国比较著名的工业遗产还有 27 个，也是欧洲工业旅游的著名景点：

| | 遗产名称 | 地点 | 主题 |
|---|---|---|---|
| 1 | 迈尼帕瑞铜矿和阿姆卢赫港 | 阿姆卢赫 | 矿业、交通运输、景观 |
| 2 | 珠宝街 | 伯明翰 | 制造 |
| 3 | 大坑国家煤矿博物馆 | 布莱纳文 | 矿业、景观 |
| 4 | 索尔泰尔村 | 布列福 | 纺织、居住建筑 |
| 5 | 邱桥蒸汽博物馆 | 布伦特福德 | 能源、水利 |
| 6 | 古船坞 | 查塔姆 | 制造、交通运输 |
| 7 | 德文特河谷纺织厂 | 克朗弗德 | 纺织、景观 |
| 8 | 凝翠工厂 | 邓迪 | 纺织 |
| 9 | 杜克斯福德帝国战争博物馆 | 杜克斯福德 | 交通运输 |

[1] 余颖、余辉：《知其道　用其妙——欧洲工业遗产的复兴》，《城市地理》2012 年，第 S1 期，第 19 页。

## 德国工业遗产保护利用

1782年，德国第一台纺织机在开姆尼斯诞生，这里也成为纺织机械的先驱；1784年第一个纺织厂建在杜塞尔多夫的拉廷根，步英国纺织厂的后尘，并具有德国特点，直到1800年，工业化的进程才在民间悄悄进行。德国工业机械化是从纺织业开始的。18世纪末，煤矿的发展使第一台炼焦炉建成，采矿业的发展促进了德国工业化的进程。这时的鲁尔区还是一片荒芜之地，只有韦特的一家炼铁厂冒着黑烟，但却昭示着一个新纪元的到来。

德国海关联盟的建立触发了工业革命，当贸易边界在1834年被废除后，大量货物进入德国。对煤的需求的增长使煤矿建设发展迅速，鲁尔地区的城镇密密麻麻地出现，煤矿和炼铁厂一夜之间如雨后春笋般冒出来。英国经济学家凯恩斯曾指出，德意志帝国与其说建立在铁和血上，毋宁说是建立在煤和铁上。德国的煤、钢企业多集中在鲁尔工业区，因此这一地区被称为“德国的心脏”、“欧洲的引擎”。鲁尔区是欧洲最大的经济区，其重要的城市——埃森市成为工业中心。1811年，埃森市就出现了著名的大型钢铁联合企业克虏伯公司，开始为德国铁路建设生产铁轨，为军队生产大炮。钢铁厂迅速发展起来，1873年弗尔克林根炼铁厂也投入了生产。这里逐渐发展成为欧洲重要的工业基地，河道纵横交错、工厂鳞次栉比、高炉岿然耸立。

铁路的发展成为德国工业化的催化剂，建设者们也为他们的成就欣喜若狂。几年后，慕尼黑和柏林建起了机车厂，超过了他们的先驱——英国，并开始出口。机械工业德国经济大发展的第三个驱动力，到19世纪，德国的机械工业领先化学工业和电力工业，成为现代工业的领军产业。1880年，德国工业发展建设超过英国。1929年德国工业产量超过英法，仅次于美国，居世界第二位。

在经历了一百多年的繁荣发展后，这里于20世纪50年代末到60年代初开始出现经济衰退，煤炭工业和钢铁工业尤其突出。这里的工厂企业纷纷破产、倒闭、外迁或转行。随着德国进入“后工业时代”和环境保护意识的加强，早期的工业资源便越来越成为保护和再利用的对象，这种改造的结果使得原本穷途末路的“夕阳工业”走上前途光明的“朝阳产业”之路。这种“朝阳产业”就是基于文化遗产保护的工业旅游，这种旅游在西方工业化国家中最早是以工业遗产为目的地的。工业旅游促使人们更多、更好地保护工业遗产，成为工业遗产保护的动力。在这些国家的实践中，保护与再利用形成了良性互动。[1]

德国是较早认识到工业遗产重要性的国家之一，而且其工业遗产保护也较具特色，特别是再利用方式的多样化。这一方面是因为工业革命使德国这个后发达国家在很短时间内跨入了世界先进国家的行列，工业革命成为德国崛起的杠杆。另一方面，以理性著称的德国人善于最大限度地节省、利用各种资源。

有近200年工业发展历史的鲁尔区是世界最大的工业区之一。它如今已成为世界工业遗产鉴别、保护和富有创意地再利用的典范。鲁尔区从一度为德国污染最为严重的地区，到一扫浓烟漫天、黑尘蔽日的景象，开始不断发掘其历史价值，进行与旅游开发、区域振兴相结合的综合开发，取得了举世瞩目的成就。那些巨大而丑陋的机器厂房并没有被当成包袱全部拆掉，而是被作为珍贵的工业遗产得以保护、改造和再利用。

北杜伊斯堡景观公园原是著名的蒂森钢铁公司所在地，建于1902年，是一个集采煤、炼焦和钢铁于一身的大型工业基地，1985年被迫停产。现在，它被彼得拉茨景观设计事务所改造成为一个占地200公顷、以煤铁工业景观为背景的大型景观公园。彼得拉茨对原有场地尽量减少改动，最大限度保留工厂的原有信息，利用废料塑造景观，从而最大限度减少对新材料的需求，并用生态手段处理了这片破碎的区域。

[1] 岳宏：《工业遗产保护初探》，天津人民出版社，2010年，第38页。

用来运煤的火车静静地停在伸向远方的铁轨上，孤寂的烟囱在阴暗的天空里矗立着，高达 80 米的 5 号高炉，被托起耸立在红色钢架上，犹如一架开膛破肚的机器，抑或是一把竖立的萨克斯，粗大的管道从四面插进去，在内部盘旋而下，已经失去光泽的喇叭形排气管高高地冲向天空，煤气应该被引到旁边几个深灰色的长罐里；这样的组合连续地排布在公园的核心地带上，悬挑的巨构钢航车从关节处悬挑出来，高高低低的镂空机器将天空剪成许多碎片，粗粗细细的烟囱挺立在机器前后，这场景犹如一个个变形金刚正准备拔枪射击。公园的底层特意保存了以前的废水排放渠，利用它收集雨水，雨水引到工厂中的沉淀池，经滤清后流入河流，此时枯黄和

01. 德国鲁尔工业区改造前

02. 德国北杜伊斯堡公园局部

03. 德国杜伊斯堡景观公园保存的水槽车和铁路

04. 德国北杜伊斯堡景观公园 1、2 号高炉夜景

05. 德国奥博豪森大储气罐

冷绿不一的水草已经铺满了河的两岸；堆放铁矿砂的混凝土料场被改造成青少年活动场地，矿区被生态恢复为供人探幽的神秘花园，山岩成为攀岩者的乐园，一些仓库和厂房被改造成为迪厅和音乐厅，交响乐这种高雅艺术都可以巨型的钢铁冶炼炉作为背景演出，摇滚乐在炉渣堆上搭建的露天剧场高歌，歌迷们则可以享受巨大炼钢炉环抱中产生的混响。[1]

设计师没有努力掩饰旧工业时代的灰暗和破碎景观，而寻求对旧有结构的重新解释。它们不再是丑陋的废墟，实际上，任何一个斑驳、生锈的细节都能让人发现美，感受历史。北杜伊斯堡公园给人独到的“优雅而深沉的残缺”审美，废墟中透出的淡淡的、无奈的“忧郁”，为阴沉宁静的景色蒙上一层“悲哀”却又充满生命力的气氛。

鲁尔工业区的埃森市有 60 万人口，是德国第六大城市。19 世纪初，煤炭和钢铁工业的兴旺把这个当年仅 3000 人的小镇，发展成为德国第一大工业城市，来自地下矿井里的黑金催生了经济奇迹。1847 年成立的关税同盟煤矿一度也成为世界上规模最大的煤矿。1986 年陷入衰败的煤矿终于关闭，但是，州政府并未拆除那些巨大的厂房和设备，而是买下后思考是否进行全面的再利用。然而这思考一直持续了 10 年，直到 1996 年才开始付诸实施。2001 年，关税同盟煤矿被联合国教科文组织列为世界文化遗产。这是一种凤凰涅槃式的转身……

关税同盟矿区由多个建于 20 世纪初期的建筑群组成，内有各种煤炭生产的运输系统、燃烧炉、井架等。改造规划将片区分为几个功能区，于是，原来这些老煤矿的工业建筑变身为煤矿博物馆、展览馆、舞蹈室、戏院、艺术工作室、办公楼、礼品店、餐厅和咖啡馆……一些构筑物和设施也得到了充分利用，如冷却塔得到了再开发，变成了充满创意色彩的摄影工场；保留下来的五个锅炉和蒸汽机车变成了旅游观光项目；过去用来冷却煤炭的巨大水池，改造成了冬天里的滑冰场……

---

[1] 余颖、余辉：《知其道 用其妙——欧洲工业遗产的复兴》，《城市地理》2012 年第 S1 期，第 17 页。

## 法国工业遗产保护利用

与英国、德国不同，法国对工业遗产关注的时间并不是很早。尽管法国自 19 世纪 60 年代末就已完成了工业革命，其工业传统比德国更为悠久。从 20 世纪 60 年代到 80 年代，法国的工业体系经历了快速发展，在现代化的过程中一批企业被迫关闭。这些淘汰的企业为工业遗产的保护与再利用提供了实践对象，使工业遗产在法国开始成为文化遗产的一种新类别，并日益受到重视。1975 年，莫里斯·多玛斯开始了工业遗产的调查研究，并于 1980 年出版了《法国的工业考古》。1972 年拆除中央市场的事件导致了对保存文化遗产的呼吁，由当时的文化部长引领，列出了 300 个值得保存的当代建筑物，其中包括现在成了博物馆的奥塞火车站以及一些工厂。1979 年，法国工业考古学会成立，出版《法国工业考古》杂志。与英国一样，工业遗产保护在法国最初也是以工业考古学的形式出现的。

1981 年，国际工业遗产保护协会在法国里昂和格勒诺布尔举办了一个以工业遗产为主题的国际学术会议。这次会议促进了法国工业遗产保护事业的发展。同年法国总统密特朗对工业遗产与铁路局遗址和相关文化遗产的保存提出了新的政策。1983 年，法国文化部普查局成立了工业遗产处，标志着工业遗产开始被纳入文化遗产的范畴。1986 年，在每个地区的文化普查机构中又出现了工业遗产研究员，他们以省为单位进行工作，其目的就是为了建立遗产档案。当年的普查首先涉及三大领域：水利、冶金工业和陶瓷工业，因为在这些领域中倒闭的工厂最多。普查的重点环节是制造、行政管理、能源、工人及企业管理人的住宅。[1]

法国的工业遗产保护的标准包括：历史年代、美学意义、社会价值、技术价值和稀有性。法国非常重视遗产的普查工作，每个普查对象都要制

[1] 岳宏：《工业遗产保护初探》，天津人民出版社，2010 年，第 43 页。

作普查档案。列入普查清单的遗产不一定都被认定为文物，没被列为文物的遗产不一定能够得到保护，但一旦被认定为文物，将会受到国家法律的严格保护。被认定对象来自普查清单，需要通过严格的程序才能从普查对象升格为文物。

由于普查和认定相对独立，工业遗产的普查对象往往是那些仍在运行或刚刚停产的具有一定工业遗产价值的生产场所。法国摩泽尔省洛林地区的水晶厂停产前十天就受到了清查，因此，所有的生产工序仍然保存。并且可以很容易地从工厂管理者那里了解哪些环节更具有遗产价值。

对于那些列入普查名录，但尚未被认定为文物和工业遗产的，其建筑可以进行适当的改造。在法国，工业遗产改造形式丰富多样，改造是否成功关键在于要有一个好的创意。工业遗产可以被改建成博物馆、档案馆、创意产业园、艺术家工作室、学校、商场、餐馆、游泳馆，甚至住宅。

戈斯地区的一个纺织厂主楼被作为文物保护下来，其周围的锯齿形厂房虽被列入普查清单，但并没有被认定为文物，只是作为被保护对象的环境构成物。对于这一遗产，该市政府要求尽最大可能利用原有的厂房和设施，并将锯齿形厂房改成低租金住宅，作为社会用房分配给弱势群体。改造后的主楼内部非常现代化，使 19 世纪的外貌与 21 世纪的内部环境相结合。

对旧建筑进行翻修和改建是法国两条并行的建筑文化脉络中很重要的一条，同时也是西方颇具传统、认可度很高的设计思想。在欧洲很多建筑大师看来，人类历史的发展始终在前进，但却不是一切重新再来。坐落于巴黎市中心塞纳河左岸，由奥塞火车站改建的奥塞博物馆是法国对旧建筑的保护和再生的设计脉络中最闻名遐迩的例子。

奥塞博物馆始建于 1804 年，在后来的一场大火中付之一炬。1900 年，万国博览会在巴黎举行，借此时机奥塞车站兴建起来。当时，奥塞火车站是巴黎重要的陆路交通枢纽，由建筑师拉露克斯设计成长 138 米、宽 40 米、

01. 法国奥赛火车站
02. 法国奥赛博物馆
03. 法国奥赛博物馆内部
04. 法国奥赛博物馆展厅

高 32 米的雄伟大厅，为世人瞩目。采用石质、钢与玻璃的组合和新古典雕塑品的装饰外表，完全展现了当时的建筑技术，可视为象征 19 世纪工业革命时期的建筑风格。在这之后的几十年里，因为车站发挥不了应有的功能，形成废置。此后许多建筑师主张拆除火车站，新建一个现代化的国际会议中心和旅馆，但都未能实现。

20世纪60年代末期，许多法国人认为卢浮宫的收藏是以古典主义作品为主，蓬皮杜艺术中心的展出是以现代作品为主。于是众多的19世纪的油画、雕刻等艺术作品缺少一个合适的专门收藏、展示的场所。因此向法国政府建议建立一个专门展示19世纪作品的美术馆。1971年季斯卡总统重新提出奥塞火车站改建成美术馆的建议，这正好呼应了当时艺术界的心声。提案于1978年国会通过后，废弃47年的奥塞车站被重新改造利用。改造设计充分尊重了车站原有的特色，将过去的走道作为主要展厅区，整幢建筑宏大唯美，与展出的印象派画作相映成趣。整个展览强调钢筋力学的结构，用自然光以突显展厅本身的宽阔空间。奥塞博物馆与卢浮宫、蓬皮杜艺术中心并称为巴黎三大艺术博物馆，被誉为“欧洲最美的博物馆”。[1]

## 美国工业遗产保护利用

美国的工业遗产保护实践与研究开始于20世纪60年代中后期。1965年，美国历史建筑调查机构开始关注工业遗迹。1971年10月，美国工业考古学会在美国史密斯学会举行的学术大会上成立，由此拉开了美国的工业遗产保护运动的序幕。1969年，美国国家公园官方机构建立美国历史工程档案，其中登录了美国国内近2000处工业建筑、遗址和构筑物。1976年，美国还制定了《税务改革法》，从财务政策上鼓励人们改建修缮历史建筑。

美国纽约曼哈顿的苏荷区在第二次世界大战前曾是著名的传统工业区，原是纽约19世纪最集中的工厂与工业仓库区。20世纪中叶，美国进入“后工业时代”，经济大萧条后工厂搬迁闲置了大量的厂房和仓库。一批艺术家将工业厂房和仓库内部稍加整理后用作艺术创作、作品展示和交流聚会的场所，纽约市政府曾计划对该地区的传统建筑实施拆迁，改建成现代化的写字楼和高级公寓，但遭到市民的强烈反对，保留下来的苏荷逐渐发展成

[1] 卫东风、孙毓：《从奥塞车站到奥塞博物馆的启示》，《南京艺术学院学报》2007年第4期，第168页。

美国纽约曼哈顿高架铁路公园

为艺术品经营业、餐饮业、时装业等诸多产业聚焦的区域，形成了独具特色的“苏荷模式”。20 世纪 70 年代，市政府终于决定将“苏荷”列为历史文化保护区，明确规划这里以艺术经营为主，“苏荷”重新走向繁荣。[1]

## 日本工业遗产保护利用

日本是亚洲最早开展工业遗产研究和保护利用的国家，日本的石见银山则是亚洲首例成功列入世界遗产名录的工业遗产。

石见银山位于日本海沿岸岛根县中部，是日本历史上最大的银矿山，16 世纪至 17 世纪期间，这里的银产量曾占全球的 30%。2001 年，石见银山被列入日本国内的世界遗产推荐暂定名录，之后陆续有 11 处遗迹遗构追加登录，包括矿山、坑道，以及矿山城镇、银运输和出口的道路和港口等，

[1] 单霁翔：《保护工业遗产的思考和探索》，《中国工业遗产保护论坛文集》，凤凰出版社，2007 年，第 16 页。

展示了白银采掘、冶炼、运输等的整个流程。

2016年，我率团去日本进行工作访问，考察了日本舞鹤市红砖博物馆。这是对舞鹤市兵器厂废弃的仓库进行改造而建成的博物馆，同时还被再利用为纪念品商店、会议室、婚礼礼堂等。2017 年《灯影的魅力——大连现代博物馆藏辽南皮影展》在这里的展览厅展出。

目前，国际社会对于工业遗产保护逐渐形成良好氛围，越来越多的国家开始重视保护工业遗产，在制定保护规划的基础上，通过合理利用，使工业遗产的重要性得以最大程度的保存和再现，增强了公众对工业遗产的认识。在推动地区产业转型，积极整治环境，重塑地区竞争力和吸引力，带动经济社会复苏等方面取得了不少成功经验。一些国家的城市对于已经失去原有功能的工厂、码头等遗址没有采取简单粗野地全部推倒重建的办法，而是通过合理利用的手段，不断为社会提供综合效益。如美国旧金山

01. 日本舞鹤市兵器仓库外景

02、03、04. 改造再利用的兵器仓库内部

的原巧克力工厂，今日均成为市民和来访者喜爱的游乐和购物中心。美国旧金山的旧码头建筑也是经过精心修缮，成为别具特色的室内商业街的。这些成功的事例展现出工业遗产与其他古代文化遗产相比具有更加广泛的利用空间。

## 我国工业遗产保护利用的实践

与世界许多国家一样，我国各地也遗留下不少工业遗产。如何评估这笔珍贵遗产并将其妥善保护、永续利用，已成为文化遗产保护的紧迫问题。在我国一些城市，许多具有远见卓识的地方政府，在大力推进经济社会可持续发展的进程中，重视工业遗产的保护，取得了令人称道的业绩。

### 上海市

上海是中国民族工业的发祥地之一，有着丰富的工业遗产，蕴含着深厚的城市工业文化内涵，其工业遗产资源无论在规模上，还是在数量上，都在国内具有独特的地位。上海市遗产保护的研究和探索也启动较早，并积累了一定的成功经验。主要依照《文物保护法》将工业遗产列入文物保护单位或历史建筑的形式予以保护。1989 年颁布的第一批上海优秀历史建筑中的杨树浦电厂，是上海第一个列入市级文物保护单位的工业遗产。1994 年颁布的第二批优秀历史建筑中，又加入了上海造币厂、江南造船厂等 10 余处。1999 年上海市颁布第三批优秀历史建筑之前，有关部门对上海的工业遗产进行了一次大规模调查。在累计批准的 632 处优秀历史建筑中，共有 40 处工业厂房、仓库建筑及市政设施得到法定保护。上海也是国内较早制定保护工业遗产的相关法规的城市之一。

1991年上海市政府发布了《上海市优秀近代建筑保护管理办法》。该管理办法是上海市第一个涉及到历史保护的地方法规。其中确定了优秀近代建筑的范围，并对自1840年到1949年建造的重要建筑提出了明确的保护措施，并提出了经济发展与城市功能及生态环境相适应的保护和合理利用模式。其中对内环线以内闲置的全部工业厂房规划了适宜的用途，而不是一味地拆除。

《上海市优秀近代建筑保护管理办法》是上海地方政府保护遗产的一个开端，其把文物保护单位以外的具有重要传统意义的历史建筑列入保护对

上：上海城市艺术雕塑中心

左下：上海城市艺术雕塑中心内景

右下：上海城市艺术雕塑中心汽车雕塑

左上：上海滨江产业园

左下：上海滨江产业园旧建筑

右：上海南苏州路建于1929年的大仓库“衍庆里”被列为上海优秀历史建筑

象的做法在全国是首创的。同年，上海市颁布了《关于本市历史建筑与街区保护改造试点的实施意见的通知》，该《通知》规定了上海历史建筑与街区保护改造的性质和试点范围、组织领导、基本要求、实施步骤、有关政策、项目的经营管理等方面的内容。它还强调了保护改造在市场机制作用下的要求。2002年7月，上海市人大常委会审议并通过了《上海市历史文化风貌区和优秀历史建筑保护条例》，该条例第9条明确规定：建成30年以上，在我国产业发展史上具有代表性的作坊、商铺、厂房和仓库，必须列入优秀历史建筑并实施保护。根据2003年10月上海规划工作会议上提出的精神，上海市政府于2004年1月和2004年4月先后发布了《关于加强优秀历史建筑和授权经营房产保护管理的通知》和“关于印发《本市旧

小区房屋综合整理工程资金管理办法》的通知”。这两个文件加强对工业遗产的保护和管理，规范了对工业遗产保护和利用的措施。2009年，上海第三次文物普查获得阶段性成果，在普查中，首次把工业遗产作为一个专类进行保护。上海市文物管理部门近期发掘、整理出二百五十多处工业遗产，并进行了登记、造册。在保护的同时，上海对工业遗产进行了大规模的开发再利用。苏州河沿岸艺术仓库、上海城市雕塑艺术中心、滨江创意产业园等都是利用老厂房、旧仓库改建而成，上海的工业遗产的保护与改造利用已形成社会多元化参与的格局。

## 无锡市

无锡市是国内最早提出工业遗产进行保护的城市之一，在工业遗产保护的研究与实践方面取得了骄人的成绩。特别是在健全保护与利用工业遗产的法律法规方面走在了全国的前列。无锡市针对工业遗产保护，制订了大量法规和政策，使得无锡工业遗产的保护规划和利用等各个方面都纳入了法制的轨道。对于普查中发现的具有较高历史、科学和艺术价值的工业遗产，无锡市都通过法律程序给予了保护。

2000年启动的全市文物普查中，工业遗产被列为重点。同时下发了《关于征集中国民族工商业文物资料的意见通知》《无锡市档案资料征集办法》和《关于开展工业遗产普查和保护工作的通知》，并草拟了《无锡市工业遗产普查认定办法》等重要文件，从而将工业遗产保护提上了日程。2004年1月，无锡市文物、规划等部门在《无锡历史文化保护规划》中提出了具体的工业遗产保护规划，并划定了一些重要遗产的保护范围与建设控制地带，还根据无锡市区内各分区的功能定位进行了详细的再利用规划。2006年4月6日，无锡市人民政府办公室颁布了《关于开展工业遗产普查和保护工作的通知》。该通知强调了保护工业遗产的重要性和紧迫性，并对工业遗产普查和保护工作进行了全面部署，采取条块结合办法，即文化、规划、经贸、档案等部门和资产经营公司，以及各级政府联手对工业遗产开展普查。目前，已将48年处近代民族工商业史迹列入市级文物保护单位，成为城市发展的重要文脉和体现城市个性的显著特色。

2007年5月，无锡市文化局制订了《关于推进全市工业遗产普查工作的实施意见》。该《意见》提出了加强工业遗产普查工作的组织领导，全面扎实开展工业遗产普查等工作。同年5月，无锡市政府出台了《工业遗产普查及认定办法（试行）》，《办法》明确界定了工业遗产的概念、内容，并对工业遗产的普查、登记、认定程序、保护和利用、职责、分工、奖励与处罚等作了明确规定。同年6月8日，无锡市政府公布了第一批工业遗产保护名录，20个具有无锡地域特色和工商文化鲜明特征的古建筑在得到充分保护的基础上，向全国公开征集研究课题和修缮、利用方案。2009年，无锡市政府编制《无锡工业遗产保护专项规划》，确立了保护工业遗产“护其貌，显其颜，铸其魂，扬其韵”的基本方针，并划定保护范围和控制地带。在工业布局等建设中，以不破坏工业历史文化遗存为前提的保护思路，并着手制定《无锡市工业遗产保护办法》，把工业遗产保护列为“十一五”文化遗产保护的重点工程。

经过多年的努力，无锡市探索出了一套抢救与保护工业遗产的思路和做法，使得大批优秀建筑，特别是一批珍贵的民族工业遗产得以保存。如

左：无锡原茂新面粉厂，今为中国民族工商业博物馆。

右：无锡中国民族工商业博物馆内清麦车间

无锡中国民族工商业博物馆就是利用原茂新面粉厂现存厂房改建的。茂新面粉厂为荣毅仁先生于1946年负责重建，由著名的上海华盖建筑事务所设计，其建筑充分体现了面粉加工专业化生产的特点，厂内现存机器设备大部分为当时引进的英国制造的产品。20世纪末，当茂新面粉厂面临企业倒闭转换的关键时刻，无锡市政府决定保护这一珍贵的工业遗产，拨出近亿元对该厂的资产进行置换和修缮，同时恢复原状、整体保护厂房及其设备，用作建立“无锡中国民族工商业博物馆”。

## 沈阳市

沈阳是一座工业城市，而铁西是沈阳的核心工业区，闻名全国的重工业基地，素有“东方鲁尔”之称，鼎盛时期，全市99家大中型企业有90家在这里落户。这里按照“南宅北厂”的城市布局，建设大路以北为企业聚集地区，工业遗存非常丰富，工业建筑摩肩接踵，跨越了日伪统治、解放战争、国家“一五”、“二五”等近百年的历史时期，承载了沈阳工业很大部分的历史记忆，而工业文化则成为铁西独一无二的特色文化品牌，2006年，工业文化遗产保护也伴随老工业基地改造开始了。2006年初开始，铁西对全区工业建筑遗存情况进行排查，摸清了铁西各个不同历史时期工业建筑遗存底数。2006年下半年，开始了以寻访老铁西记忆，展示工业文化风貌为目的的“一场十馆”建设，实施打造铁西工业文化旅游的举措。2006年12月，出台了《铁西新区关于工业文物保护管理意见》。2007年将“一五”期间苏式建筑工人村宿舍一处院落（7栋楼房）和“二五”期间老厂房沈阳铸造厂翻砂车间加以保护性改造利用，分别建成“一场十馆”中两个最能显示工业文化内涵的建筑——工人村生活和铸造博物馆。

沈阳铸造博物馆是以沈阳铸造厂翻砂车间为馆址改建而成。铸造厂建

上：由沈阳铸造厂翻砂车间改建的铸造博物馆

下：沈阳中国工业博物馆内景

于 1956 年，其前身是建于 1939 年的日本高砂制作所。在铁西老工业区“东搬西建”过程中，为将现存有限的工业文化遗产予以保护，铁西区决定把该厂的翻砂车间保留下来，将其改建成沈阳铸造博物馆，以充分反映铁西工业文明。沈阳铸造博物馆占地 4 万平方米，主体建筑 1.78 万平方米，由工业会展区、创意产业区、文化演艺区和铁西工业发展回顾展区四部分组成。馆内存放了1000多件沈阳铸造厂的设备和铸件，再现了铸造厂车间工人生产时的场景。现为辽宁省文物保护单位。

2011年，对现有的铸造博物馆进行改造、扩建，建成中国工业博物馆。2012年5月18日，部分对外开放。该馆设计以记载历史、新旧结合、传承文明、独具特色为重点，目前已从全国22个省市征集文物1.6万件。博物馆一期将开放中国工业通史馆、铸造馆、机床馆和铁西10年成果展馆等4个展馆。2013年全运会开幕之前，中国工业博物馆正式向社会开放。

## 青岛市

2009年4月1日，中共青岛市委、市政府正式出台《关于促进旅游业发展的意见》。其中的重点之一就是于2009年对老工业区工业旅游资源进行抢救性调研，以期实现工业旅游开发的大突破，重点开发建设葡萄酒博物馆和机车博物馆等有价值、有市场影响力的工业旅游产品，并着手进行工业旅游计划。

2009年4月3日，青岛市政府批复同意由市文化局、市建委、市规划局、市国土资源房管局联合制定的《关于城市建设中加强历史优秀建筑和工业遗产保护与利用的意见》，该《意见》要求各部门立即进行历史优秀建筑的抢救和保护，并着力开展工业遗产普查和认定工作。该《意见》还要求文化部门出台《青岛工业遗产认定办法和程序》；青岛市规划部门也会同青岛文化部门负责制定《青岛市工业遗产保护利用专项规划》；青岛市建设部门在组织编制全市工程建设、城市建设、村镇建设等发展战略、中长期规划和年度工作计划时，也充分考虑工业遗产的保护；青岛市国土部门对为加强历史建筑和工业遗产保护而需搬迁的企业，在用地指标方面予以优先考虑。

青岛有着丰富的近代工业遗产资源。青岛啤酒厂的早期建筑在2006年

上：青岛啤酒博物馆

左下：青岛啤酒博物馆馆区

右下：青岛博物馆馆区陈列品

被列为全国重点文物保护单位。青岛啤酒博物馆建于德国人1903年所建日耳曼啤酒公司青岛股份公司的原厂房内，馆内保留了当年酿造啤酒的老设备、车间环境，复原了当年的生产场景，重现了百年前啤酒生产的原貌。现青岛啤酒博物馆年接待观众四十余万人次，被国家旅游局评定为全国首家工业旅游示范点，让我们看到工业遗产保护和工业旅游成功结合的典范。

# 大连工业遗产的历史构成

大连工业有近一百三十年的历史。从19世纪80年代90年清政府在旅顺口兴建旅顺船坞开始，大连出现了近代工业雏形。随着港口、铁路、公路的扩建和城市的发展，相继出现造船、冶金、机械、化工、纺织和建材等一批工业企业。到1943年，大连地区有各类工厂1800余家，生产人员九万余人。[1]当时的大连工业属殖民地经济性质，严重畸形发展。1945年大连光复后，大连开始建立起国营工业企业，为新中国的诞生做出了重要贡献。1955年中国政府全面接管大连，国家先后在大连兴建了一批大的项目，使大连经济得到快速发展。大连工业也在全国创造了多项第一，为共和国工业的发展奠定了稳固的基石。

## 洋务运动时期的大连工业雏形

近代工业文明是人类文明几千年发展的结晶，它把闭塞落后的农业文明远远甩在后边，开创了人类历史的新纪元。1769年理发师阿克莱特在克隆福德开设水力棉织厂，雇工600余人，世界上第一家资本主义近代工厂诞生了。先进的科技促使近代工厂的产生和发展。资本主义近代工业横空出世。从此，一切不想走向没落的民族，都必须走发展资本主义的近代工业的道路。但是，当这个课题摆在中国人面前时，已经晚了将近一百年。这就注定了中国近代工业从开始就面临着一条充满荆棘的艰难道路。

1840年，当机器的轰鸣在西方世界已经响成一片，当冒着浓烟的烟筒在欧美大陆已高耸如林时，古老的中华帝国却仍然在如诗的田园牧歌中陶

[1] 顾明义：《大连近百年史》，辽宁人民出版社，1999年，第1032页。

醉，全然没有意识到一场巨大的民族灾难已悄悄降临。

中国人认识近代工业是从西洋的“坚船利炮”开始的。两次鸦片战争中，“数千年未有之强敌”凭借洋枪洋炮打败了“天朝军队”。日趋衰落的清王朝犹如一座将倾的大厦，处于风雨飘摇之中。中国人从西方的“坚船利炮”中彻底感受到了近代工业技术的力量。为了维护清政府的统治，从 19 世纪 60 年代开始，以李鸿章为首的洋务派掀起了大规模引进西方物质文明成就的“自强”运动——“洋务运动”，提出了“中学为体，西学为用”的应变思想，试图通过引进西方近代工业，来巩固摇摇欲坠的满清王朝，制衡西方列强。

1865 年，李鸿章建立了据说是“无论何种机器可逐渐依法仿制，即用以制造何种之物，生生不穷，事事可通”[1] 的江南机器制造局。此后，其他地区也相继建立了这样的机器厂，这实际上是把魔力无穷的大机器工业引进了中国。更重要的是，大机器工业本身就是一部读不完的活生生的启蒙教材，它带给中国人以全新的工业文明的观念，建立大机器工业已形成了必然的趋势。

当只想浅尝辄止的洋务派小心翼翼地向近代文明伸出手时，即已经使自己置身于近代文明规律之中，身不由己地加入建设近代工业文明的近代化潮流，并且不自觉地充当了近代工业文明启蒙者的角色。洋务运动催生了中国工业化的道路，开启了中国工业近代化漫长、曲折的历史进程。

大连近代工业在我国起步较早，继上海、天津、武汉之后建立起近代工业。大连最早的工业可以追溯到甲午战争前旅顺口军港的建设时期。1888 年清政府在旅顺完成建港修坞工程，其厂房设备投资在“洋务运动”的 30 年间清政府开办的五大军事工程中名列第三，仅次于上海机器制造总局和福州船厂的投资。此船坞为我国北方最大、最完善的海军修理船厂。

清政府在建设旅顺港的同时，于 1888 年修建了大连海区第一座近代助航设施——老虎尾灯塔。1893 年清政府海关又设置了老铁山灯塔。这两



[1]《李文忠公全书》奏稿卷九，第 33 页。

座灯塔的建设，为舰船安全进出旅顺港提供了可靠的保障。1890年清政府建成了我国东北地区最早的城市供水系统。为了便于天津与旅顺的联络，1884年清政府架设了从旅顺口至山海关的东北电信史上的第一条电报线。1885年架设了从旅顺口至朝鲜汉城的东北最早的国际电报线。

1892年，旅顺船坞局拥有铆、铁、木、机器等工匠600余人，能够操作船坞的各种机械设备。这是大连地区第一代产业工人，是把大连由一小渔村发展为近代港口城市的奠基人。

旅顺口的海防建设催化了明代这个始名“旅顺口”的小渔村向新兴城市演进。到中日甲午战争前夕，旅顺口已发展成为市井繁华、交通便利、常住人口达两万多人的近代化小城。在这块以小渔农生产为主体的土地上，出现了颇具规模的港口码头、船坞、工厂及自来水、电信、电业等，人口增多且成分变化，社会结构发生了变革。大连近代工业雏形最先在旅顺形成。

## 俄国侵占大连时期的工业

沙皇俄国强占旅大地区后，一方面把旅顺作为太平洋舰队的基地来经营，建成一个海军要塞；另一方面在大连湾沿岸开辟新港，建设新的港口城市。沙皇将大连作为俄国远东领土的一部分，妄图永久霸占，不惜大量投资进行港口建筑和城市建设。1898年，关东州厅甫一设立，就指定工程师萨哈罗夫制订大连港和大连市市街的修筑方案。

俄国极其重视大连港工程，到1901年完成了防波堤的修筑和第一码头的工程，并在接近码头的地方建成由船渠、发电所和几个车间组成的“利斯工厂”（俄国人厂长名叫利斯，故名，即今天大连造船厂前身）。1902年，大连港挂港轮船717艘。其中：中国49艘，俄国324艘，日本241艘，英国83艘，挪威12艘，美国、德国、丹麦、澳大利亚各两艘；挂港帆船1418艘。进口货物为4322115布特；出口货物为26195布特；旅客54134

人。[1]港口规模和吞吐量都一跃而超过旅顺，从此取代了旅顺的贸易中心地位。1903 年，大连港规模进一步扩大，可以同时停靠 5 艘千吨级海轮，全年挂港轮船达 792 艘，挂港帆船和出入口货物都有大幅度增加。大连至旅顺、上海、山东、朝鲜、长崎、海参崴及欧洲一些港口的定期或不定期航线都已通航。

俄国的港口建设和铁路建设双管齐下，一方面修筑大连港，一方面将东清铁道南段干线延伸到旅顺。并修筑了南关岭到大连的铁路线，1901 年 7 月通车，把旅顺和大连的铁路连成一线。这样从大连往北一直可以通达俄国境内的远东中心车站伊尔库斯克。1903 年，与俄国接壤的东清铁路正式运行旅客快车和载货列车。大连成为沟通欧亚两洲的海陆交通枢纽、东方一大贸易商港。

从 1902 年开始，大连有了路灯，发电厂日夜运行。东清铁路附属地电报局和野战邮电局开始营业，开办了民用普通邮件、包裹、汇款、电报等邮政业务。市区内设立了电话局，年内电话达 200 号。各官衙公署、工务局、医院和铁道、港务事务所及各大工厂都安装了电话，大连到旅顺之间可以通话。

由于修铁路、海港、兴建殖民城市等的需要，大连市陆续出现机械、煤炭、砖瓦、啤酒、烟草、面粉等工业。1901 年，俄国东省铁路公司建成大连机关车制造所（大连机车车辆厂前身），设有机械、锻冶、铸铁、制罐、客货车修理及装配车间。1903 年又建立了大连最大的铁工厂——铸铁厂，有职工近 700 人。

至 1903 年 1 月 1 日，大连市工厂总数达五十多家。其中：铁工厂 7 所，砖瓦制造厂 4 所，石灰制造厂、采石厂各 3 所，钟表厂 5 所，面粉厂、小麦酿酒厂各 4 所，制盐厂、矿泉水制造厂各 2 所，克瓦斯制造厂、屠宰厂各 1 所，首饰工厂 24 所。[2]

---

[1] 南满洲铁道株式会社调查课编：《俄国占领前后的大连和旅顺》，日文。

[2] 南满洲铁道株式会社调查课编：《俄国占领前后的大连和旅顺》，日文。

## 日本殖民统治大连时期的工业

这一时期大连工业的发展与扩张和日本的军事侵略与扩张是一个统一的过程。军事侵略为殖民工业的发展开拓着原料空间，而殖民工业的扩张又为法西斯军队的精良装备，提供了必要的条件。因此，这种殖民工业的发展，其突出的特征是它带有极浓厚的军事色彩。从四十年的发展过程看，大连这一时期的工业发展以“九一八事变”为界，可分为前、后两个时期。

1905 年日本取代俄国，开始了发展大连殖民工业的进程。从 1905 年至 1931 年“九一八事变”前，大连殖民工业可分为两个阶段：

**第一阶段：1905~1913 年间为日本殖民当局经济调查和扩充设备阶段。**大连是日本推行其侵略中国“大陆政策”的桥头堡，要使桥头堡稳固，就必须建立雄厚的经济基础。因此，开发大连的工业极其重要。

1907 年由日本政府出资创办的“南满洲铁道株式会社”（简称“满铁”）成立，它肩负“代理国家经营满洲的责任，国家则把创办会社看成是执行国家政务的一部分。”[1]“满铁”成为开发大连殖民工业和掠夺东北资源的经济侵略指挥中心。“满铁”甫一营业，就拟定了发展大连新式工业的计划。为了有的放矢，“满铁”成立了 3 个经济情报机构，即“东亚经济调查局”、“满铁地质调查所”和“满铁中央试验所”。对大连以及东北的各种资源进行了彻底的调查，为日本在大连开办各类企业提供依据，充当着日本对我国实行经济掠夺的开路先锋。为了确立运输上的垄断地位，“满铁”把首要任务放在恢复和完善铁路设施及增加运输能力上。因此，初始在大连主要兴办交通运输业。如 1908 年兴建了大连铁道工厂，同年接收俄国留下的大连船厂和旅顺船厂。另外，一批以日用轻工业品为主的工厂也陆续兴建，如肥皂、火柴、酿酒、碾米、制水等工厂。据统计，至 1913 年日资工厂为 57 家。

日本是一个财力、物力十分有限的国家，开发大连的工业，掠夺东北的

[1] ［日］冈松参太郎：《南满洲铁道株式会社的性质》，满铁 1907 年打印本。

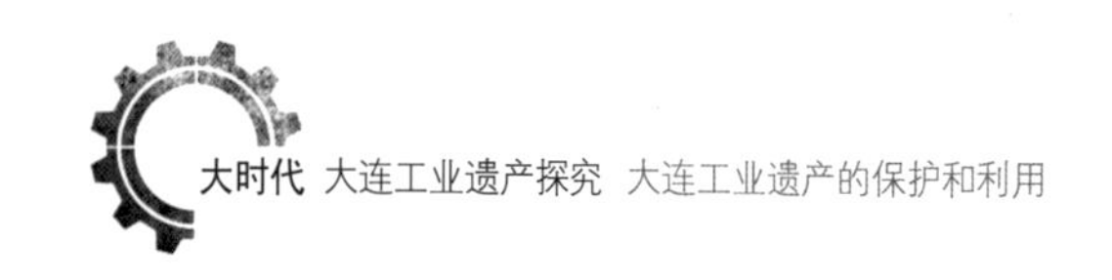


资源，光靠日资是不够的。因此，殖民统治前期，日本采取了吸引华资的办法，其中以窑业和油坊业最为典型。截止 1913 年底，大连已有工厂 202 个，初具工业城市的规模。这一时期，大连工厂主要有“日清制油株式会社大连工场”（大连油脂工业总厂前身）、“南满洲铁道株式会社沙河口工场”（大连机车车辆厂前身）、“小野田洋灰制造株式会社大连支社”（大连水泥厂前身）、“大连窑业株式会社”、“大连铁工所”（大连橡胶塑料机械厂前身）、“大连满铁瓦斯作业所”（大连煤气公司前身）；“福昌公司”（大连海港联合装卸公司前身）等等。

**第二阶段：1914~1930 年为各类殖民地工业兴盛发达阶段。**经过前一阶段的调查，日资开始大批涌入大连，大连的殖民地工业呈现出兴盛发展的局面。工厂由 1913 年的 202 家，资金 2639 万日元，生产额 1972 万日元，发展至 1930 年的工厂 472 个，资金 1.3 亿日元，生产额 8567 万日元。一些较大工业的重工业工厂开始兴建。如 1917 年兴建的“大连机械制作所”和“满洲制麻株式会社”，1923 年兴建的“内外棉株式会社金州支店”等。

作为大连第一工业的油坊业，此时期继续发展并达到全盛。仅 1913 年大连输往美国的豆油是 3.9 万多吨，到 1916 年猛增到 30.1 万吨。[1]“榨油工业生产额占整个大连工业生产总额的 90%”，“输出的豆饼 90% 运往日本”。[2]1927 年豆饼总产量达 4000 万片之多，创油坊业历史最高纪录。此时期为大连油坊业的“黄金时代”。总之，1931 年“九一八事变”前的大连工业，是以农产品加工为主的工业，是配合日本帝国主义掠夺我国东北资源而兴办的产业。由于财力所限，日本采取吸引华资和外资的政策来促进大连工业的发展和繁荣。

1931 年“九一八事变”后，日本占领了全东北，为了扩大对中国的侵略，减轻日本国内经济压力，大连殖民地工业被迅速纳入军事轨道。该时期的大连工业可分为 3 个阶段：

---

[1] [日]南满洲铁道株式会社编：《满洲油坊业统计要览》，满铁打印本。

[2] 刘功成：《大连工人运动史》，辽宁人民出版社，1989 年，第 34 页。

**第一阶段：1931~1936 年间为扩大投资加强垄断阶段。**“九一八事变”后，随着战争的扩大，军用物资需求最猛增，日本政府要求关东军就近供应东北各地所需物资和设备。于是从 1931~1936 年间，日本各财阀加大了对大连资金的投入。“大连机械制作所”原有资金 200 万日元，经过两次增资达 3000 万日元。“小野田水泥厂”增资 11 倍，“满洲制麻”、“满洲船渠”也都增资 5 倍以上。在油坊业、窑业方面，日资也增加了投资。这一时期因为军事战备的急需，一批重要工业开始兴建，如“满洲化学株式会社”，投资 2600 万日元，生产合成氨、硝铵等化学产品，“并打算生产烧碱和其他在军事上具有非常广泛用途的化学原料”。[1] 截止 1936 年末，大连工厂由 1930 年的 472 个增到 823 个，生产额达 1.88 亿日元。[2] 工厂增长数超过前 24 年的总和。这充分反映出“九一八”事变后军需猛增给大连工业带来的深刻影响。

**第二阶段：1937~1940 年为“战时生产第一”阶段。**“七七事变”后日本拉开了全面侵华的序幕。随着战场扩大、战线拉长，为维持庞大的军需，日本提出了“战时生产第一”的口号，大连工业加速了在军事经济轨道上的疯狂发展。“满洲化学工业株式会社”，原设厂宗旨就是以东北资源为依托，平时生产化肥供日本农业所需；战时生产军火原料，直接为战争服务。事变后，该企业实行军事管理，生产军用化工产品，仅合成氨年产达 8 万吨。进和商会投资千万日元兴建钢厂，生产高速钢、轴承钢、硬质合金等。大连原有的大型企业也全面转向军用工业，“机械工业中，兵器生产占全体的 55% 以上。”[3] 日本帝国主义为了战争拼命生产，出现了军工生产超常发展的局面。截止 1940 年，大连工厂达 1165 家，资本金和生产总值均达到 4.7 亿日元以上。[4]

---

[1] [苏] 阿瓦林：《帝国主义在满洲》，商务印书馆，1980 年，第 417 页。

[2] 顾明义：《日本侵占旅大四十年史》，辽宁人民出版社，1991 年，第 287 页。

[3] [日] 满史学会编：《满洲开发四十年史》(下卷)，内部资料。

[4] 刘世琦：《旅大地理》，新知识出版社，1958 年。

**第三阶段：1941~1945 年为国防经济阶段。**1941 年太平洋战争爆发，日本政府公布“建立国防经济的方针，强行牺牲和平产业，确保与加强战争重要工业产业。”[1]大连的重要工业如船舶、车辆、机械、金属、化学、动力、盐及蒸馏水等 7 个部门都因直接为战争服务而得以超常发展。如化学工业，到 1943 年全市共有 129 家，其投资和产值均超过 2 亿日元，取代油坊业而跃居大连工业之首。大连殖民地工业完全地军事化。随着侵略战争的升级，在“战争第一”的宗旨下，大连工业转入军工轨道。

大连的工业是日本为了掠夺东北资源而建立起来的，它的发展是畸形的，具有典型的殖民地特点：一是工业经济的独占性。大连的工业完全被满铁和日本财阀控制，日资在工业资本中占垄断地位，而且发展很快；二是生产技术的垄断性。大连殖民工业的垄断还表现在工业技术方面的封锁和垄断，奉行“技术日本，原料中国”的理论，不让中国人掌握技术，特别是不让中国人接触核心技术资料；三是工业资源的掠夺性。日本殖民者经营大连的目的是为了榨取和掠夺廉价的中国东北资源和劳动力，以加速发展日本的工业。大连工业的发展与日本对东北腹地原料的掠夺是成正比的。四是企业发展的军事性。“九一八”事变后，日本将大连工业推向军事工业的轨道，当时大连的重点工业都是直接为战争提供急需的军用物资。日本殖民统治下大连工业的发展与日本侵略战争不断扩大的进程，有着同步的紧密关系：殖民工业始则跟随日本对大连的军事占领而产生；继则沿着日本侵略战争范围的扩大而迅速膨胀；终则相伴着日本军国主义挑起的太平洋战争的惨败而崩溃。

## 俄、日殖民者统治大连时期的民族工业

大连的民族工业在俄国、日本统治时期，历经坎坷。在日本投降前夕大多倒闭。

[1] ［日］满史学会编：《满洲开发四十年史》（下卷），内部资料。

俄国殖民统治大连期间，大连工业中占统治地位的当属俄国资本。中国人虽然也拥有部分工业，但规模小、资本少，且多为制鞋、首饰、酿酒、面粉等轻工业。

日本殖民统治大连期间，大连的日本工业资本始终占垄断地位，发展速度也很快。日本资本所属企业一般规模较大，在大连所有工业部门中均占绝对优势，其中铁路机车车辆、船舶、特殊钢、瓦斯及电气的生产，更完全为其一手把持。

中国人拥有的工业资本在 1916 年为 162 万元，约占大连工业资本总数的 7%。1933 年为 679 万元，占总数的 11.4%。1939 和 1941 年关东州中国工业资本分别为 1300 万元和 2400 万元，分别占总数的 3.2% 和 4.4%。[1] 显然，中国资本在总资本中的比重很小，发展速度也很慢。中国资本经营的主要领域为油坊业，在重工业部门投资甚少。

日本统治大连期间，中国人兴办工业虽然名义上不受限制，似乎与日本人享有平等参与机会，而实际在经营过程中备受当局的歧视、限制与摧残，得不到健康发展。我们可以从有代表性的铁工业、油坊业两个工业部门来考察。

大连的机械制造业一向是日本资本一统天下。在中国资本中，只有周文富、周文贵兄弟创办的顺兴铁工厂曾经卓然而立，令人刮目。1911 年，日本殖民当局开始对中国的民族工业加紧打压和扼杀，尤其对顺兴铁工厂进行百般破坏以至摧残。1929 年，顺兴铁工厂倒闭。

油坊工业是大连中国资本的最主要产业。大连最早的 5 家油坊如顺福栈、公成玉、成盛兴、双和栈及润兴茂，都是中国资本开设的。1914 年大连有油坊 46 户，除 7 户是日本资本外，其余都是中国资本。1923 年，大连油坊达到历史最高纪录的 82 家。但好景不长，1923 年至 1925 年大连有 54 户油坊倒闭。其原因，很重要的就在于日本的油坊资本羽翼已渐丰满，而且担心中国油坊资本进一步扩张势力。因此采取种种手段打压。到日本

[1] 沈毅：《近代大连城市经济研究》，辽宁古籍出版社，1996 年，第 63~64 页。

投降前夕，大连中国人的油坊仅剩 17 家。

中国民族工业在大连工业所起的作用主要表现在三个方面：一是部分解决了发展工业所需资金问题。在大连工业界，由日本政府资助的满铁、满业资本固然占有显赫位置，三菱等财阀以及日本私人中小资本家也投入相当多的资本，但单一的日本资本毕竟不能占尽所有工业部门，必然还会留下很多生存的缝隙和空间。这些生存的缝隙和空间为发展城市经济所必需，是城市经济运行不可或缺的环节。中国的一些官绅、地主及商人，既然握有一定数量的货币，又熟悉中国商情，从而有可能向某些领域投资，推动城市经济发展。大连的一些工业部门，或最初就有中国资本，或由中国资本率先创设，经证明有利可图，日本资本才相继效尤，如大连第一家油坊顺福栈就是中国资本于是 1905 年创设的，从而揭开了大连延亘十几年的油坊工业的历史序幕。

二是与日本资本竞争。日本资本拥有侵华特权，并受到殖民当局的种种庇护，经营条件非常有利。中国资本要在这种环境下生存，必须使自己的产品更富有竞争力，这就推动了中国资本在抓住市场时机，改善经营管理及提高产品质量等方面下功夫。1910 年，以日本资本为主的三泰油坊已使用了先进的冷气榨动力设备来榨油。三泰油坊不准中国人参观这种设备。以图保密。顺兴厂的周文富、周文贵兄弟以检修机器的机会获得此种技术，仿制成功，不仅质量毫不逊色，而且价钱便宜。其后，又造出新式的优质油碾、油囤等设备，远销整个中国北方。中国资本的竞争，部分地打破了日本垄断优势，使得其为保住自己的地位，就要不断创新、改进，其结果是水涨船高，从而推动竞争在新的基础上进行，城市经济不断发展。对于日本殖民者也是一样，他们为了在中国的特殊利益需要，会加倍重视来自中国资本的竞争，而为了保住自己的地位，除了利用侵华特权外，就是改进生产技术。

三是中国资本多为小型企业，而小型企业有着日本资本的大型企业无法替代的优势与作用。中小型企业由于需要资金少，因而建设周期短，见效快，也能较好地满足国内外市场迅速变化的需要，尤其伪满洲国成立后的大兴土木，刺激了大连建材尤其砖瓦业的发展。由1927年至1934年，新成立的建材工厂中，属于中国人的有39家，属于日本人仅10家。油坊业的情况也同样如此，从1907年开始到1912年，大连共成立16家油坊，其中属于中国人的15家。由于投产较快，就可较快地满足市场的需求，也带动了城市其他经济部门的发展。

当然，日本在中国的投资，不是要帮助中国资本主义的发展，无论在华独资经营企业，还是与中国资本合办企业，其目的都是要掠夺中国人民。发展是手段，掠夺是目的。

## 解放后的大连工业

解放后大连工业分为两段：一是解放战争时期作为特殊解放区的大连工业，二是新中国成立后的大连工业。

解放战争时期作为特殊解放区的大连工业。1945年8月抗日战争胜利后，根据国民政府与苏联政府1945年8月14日签订的《中苏友好同盟条约》、《中苏关于大连之协定》、《中苏关于旅顺之协定》等规定，苏联对大连实行军事管制。1945年11月，在中共中央东北局的领导下，中共大连市委成立，韩光任书记，并成立了市政府、公安局和职工总会等党、政、群领导机构。从此，大连成为苏军控制的、由我党领导的、但是又不公开的、并实行有别于其他解放区政策的一个特殊解放区。

大连解放之初，大部分工厂停产，工人失业，社会秩序相当混乱。同时，由于我党没有掌握全国政权，加上国民党的封锁，大连的经济恢复遇

到了许多困难。为了战胜困难和建立我党隐蔽的后方基地，根据东北局的指示，大连市委提出了“发展生产，安定民生，节衣缩食，投向生产”的工作方针，并放手发动群众，在东北、华北、华东各解放区的大力支持和苏联的帮助下，从三个方面恢复和发展工业生产。首先，在各解放区的支持、帮助下，建立和发展了兵工企业，成为东北地区最大的兵工生产基地。1947 年以原有的化工厂、钢厂、机械厂等为基础，新建了裕华、宏昌等工厂，正式建立了大型兵工联合企业——大连建新工业公司。[1] 其次，在苏联的帮助下，即由苏联提供部分原材料，订购产品和提供 49% 的资金，组建了一批中苏合营企业，其中有中苏造船公司、中苏合营远东电业公司、石油公司和盐业公司等。第三，依靠地方的财力、物力，恢复了一批人民生活必需的企业。由地方政府领导的关东实业公司接管了包括纺织、机械、窑业、针织、印染、胶鞋等行业的六、七十家企业。此外还有苏联经营的企业和私营企业。

自 1947 年开始，大连的工业迅速恢复，在支援解放战争方面做出了重要贡献。解放战争中大规模的运动战、防御战、城市攻坚战，需要大量的重武器。当时，朱德总司令签发电报，要求“各战区速派干部携带资金到大连筹备兵工生产事宜”。当时关内解放区的兵工厂条件极为简陋，没有高炉，没有机床。大连作为当时中国屈指可数的工业中心，有雄厚的工业基础，熟练的技术工人，因而成为建立军工基地的不二选择。从 1945 年开始，中共中央从延安、华东派遣四千多名军工干部秘密进入大连，接管了一批日本人遗留的企业，组建了我军历史上第一个大型现代化的兵工联合企业——大连建新工业公司。建新工业公司规模很大，有近万人。主要生产炮弹、引信、无烟火药、迫击炮等解放战争急需的军用物资。后来的五二三厂、大连化工厂、大连重型机器厂、大连钢厂、大连橡塑机厂等国有企业的前身都包含在内。大化生产火药，大钢生产造炮弹的钢材，大重

[1] 王会全:《大连五十年史》，大连出版社，1995 年，第 17 页。

生产炮弹弹体，大橡塑当时制作了近万个炮弹箱、弹药箱。解放战争期间共生产炮弹五十多万发、引信八十多万枚、雷管二十四万多只、无烟火药四百五十多吨、迫击炮一千四百多门及军服三千多万套。这些军用物资从大连源源不断地运出，大部分经海路越过国民党军队的封锁，送到山东半岛东端俚岛的我军物资接运站，再由山东支前大军的成百上千辆小推车运到前沿兵站。解放军有了充足的炮弹，战斗力也发生了质的变化。1948 年 12 月，华东野战军司令员陈毅亲笔写信，对中共旅大地委和旅大工人阶级对华东战场的支援表示感谢。除了大炮弹，还有机车、铁船、军服、发报机、发电机、喝水的搪瓷缸等。可以说大连的工业为新中国的建立做出了巨大的贡献。同时，大连工业的恢复和发展，也为新中国成立后国民经济的恢复积累了一定的经验，培养了一批干部。

新中国成立后的大连工业。新中国成立后，大连进入了新的历史发展时期。在党的领导下，旅大人民进一步发挥了积极性与创造性，加速了工业建设的恢复进度，并有计划地发展了各项工业建设。1950 年 10 月，大连地区掀起轰轰烈烈的“抗美援朝，保家卫国”运动。大连各工矿企业加紧生产支援前线，三年中共生产 5 种规格的火箭弹及野炮榴弹 144 万发，装配炸药包 8400 箱（每箱 24 公斤）。[1] 随着生产的发展和工人技术水平的提高，新的产品品种大量增加。如新电车、小型机车、一千吨单缸油压机、继电器、各种精密母机等等都大批地出现了。工业局所属地方国营各厂，1949 年所出产的产品共为 143 种，1952 年增加到 288 种。几年来旅大工业不仅获得迅速恢复和发展，并完全摆脱了殖民地经济的落后性。机械工业过去只能装配母机，而现在我们已能大量制造各种精密母机。如机械十八厂过去是由一些小工厂合并而成的，1948 年还只能修配一些机器零件，而现在已经成为一座近代化的母机制造工厂。

1954 年 7 月全国大行政区撤销以前，大连作为中央直辖市（由东北行

[1] 王会全：《大连五十年史》，大连出版社，1995 年版，第 18 页。

政委员会代管），在党中央和中央人民政府的领导下，进行了一系列的经济改革，彻底改变了殖民地工业的面貌。1955年苏军撤离前，又陆续收回了苏联经营的和中苏合营的企业，使社会主义性质的国营经济更加强大。1956年，大连同全国一道完成了对私营资本主义工商业的社会主义改造，其中工业企业70%以上实现了公私合营，28%以上直接转为地方国营企业。随着工业结构的调整和充实，工业生产不断发展，1954年全市工业总产值达10亿元。1957年全市的工业企业发展到557家，工业总产值达到14.32亿元，为大连工业的进一步发展奠定了基础。

新中国诞生后，党的主要任务就是领导全国人民实现工业现代化，使国家由贫穷落后的农业国变为先进富强的工业国。当时国家对大连的定位是工业、港口、旅游城市，工业排在首位。大连在当时发展工业的条件得天独厚，因此国家选址大连，承担了国家很多重要任务，造船、机车、轴承、机床、橡塑机等16个企业成为国内同行业的排头兵，当时人们称其为“共和国工业的长子”。

建国初期的五六十年代是激情燃烧的岁月，大连以共和国工业长子的独特地位，勇立潮头，以自己的勤劳和智慧，以无数个精彩的“第一”，写下了大连工业发展的华彩篇章。1949年9月，瓦房店轴承厂生产中国第一套工业轴承，向国庆献礼，共和国轴承工业的历史就此拉开。1958年中国第一套铁路机车轮对轴承、中国第一套国产坦克诱导轴承在这里诞生；1962年中国第一套核工业轴承在这里生成……大连起重机器厂是我国生产起重机的工业摇篮。1949年，成功试制出我国第一台吊钩桥式起重机，1957年试制出我国第一台当时起重量最大的140吨铸造起重机；1955年，大连橡塑机厂研制出了中国第一台橡胶塑料机械装备；1958年，大连钢厂制造出我国第一根优质合金钢无缝钢管；1958年11月27日，新中国第一艘万吨远洋货轮“跃进号”下水……一个又一个第一，彰显了大连产业工人的气魄，凝聚了他们的冲天干劲和自强不息的闯劲。

# 大连工业遗产现状

大连的工业历史悠久、基础雄厚、门类齐全。作为共和国工业的长子，大连为新中国的诞生，共和国的建设，立下了不可磨灭的功绩。因此，大连这座有着辉煌工业传统的城市，也遗留有较多的工业遗产。但是随着大连城市空间结构和使用功能需求的变化，市政府决定对市内大型企业实施整体搬迁改造。大连市的企业搬迁工作从 1995 年开始，历经 14 个年头，共分 29 批将 259 户企业列入搬迁计划。随着大规模的企业搬迁改造进程的加快，那些记录了特定年代和几代人艰苦创业的历程，那些真实而且弥足珍

1995 年大连渤海啤酒厂一声惊天爆破，拉开了大连企业搬迁工作的序幕。

贵的城市记忆，正在逐渐消失。因此记录、保存这些工业的痕迹尤为重要。

2007年大连市政府启动了第三次文物普查工作，2008年首次大规模地进行了大连工业遗产的调查工作，将其分为五种情况：

1. 在城市的搬迁改造中已经全部拆毁，原址已经兴建了住宅小区、公园和公建项目。如大连油脂工业总厂、大连煤气公司一厂、大连酒厂、大连重型机器厂、大化集团有限责任公司、大连特殊钢有限责任公司、大连水泥厂、大连橡塑机厂、大连发电一厂、金州纺织厂、国营五二三厂等。

2. 在原址改建、扩建的。在企业的技术更新改造中，许多历史较长的厂房、设施、机器设备被拆除。如大连造船厂、大连机车车辆厂、大连辽南船厂、瓦房店轴承集团、金州重型机械厂等。

3. 在改造中，企业保护意识较强，有目的地保留了部分有代表性的工业遗存。如大连自来水集团等。

大连工业遗产现有名录：

| 编号 | 现名称 | 原名称 | 建成年代 | 地址 |
|---|---|---|---|---|
| 1 | 大连海港集团码头 | 大连市埠头事务所 | 1939年 | 中山区港湾街1号 |
| | 大连海港集团15库 | | 1929年 | |
| 2 | 甘井子煤码头栈桥 | 甘井子煤码头 | 1930年 | 甘井子 |
| 3 | 龙引泉遗址 | 龙引泉 | 1888年 | 旅顺口区水师营街道 |
| 4 | 铁山灯塔 | 铁山灯塔 | 1892年 | 旅顺口区铁山街道 |
| 5 | 孙家沟净水厂泵站 | 孙家沟净水厂 | 1898年 | 旅顺五一路42号 |
| 6 | 沙河口净水厂急速过滤室、泵站 | 沙河口净水厂 | 20世纪20年代 | 沙河口区五一路95号 |
| 7 | 台山净水厂过滤室、混药室 | 台山净水厂 | 20世纪30年代 | 沙河口区五一路142号 |
| 8 | 王家店水库重力坝 | 王家店水库 | 1917年 | 甘井子区红旗街道棠梨村 |

续表

<table>
<tr><th>编号</th><th>现名称</th><th>原名称</th><th>建成年代</th><th>地址</th></tr>
<tr><td>9</td><td>龙王塘水库泵站</td><td>王家店水库</td><td>1924年</td><td>旅顺口区龙王塘街道官房子村</td></tr>
<tr><td>10</td><td>大西山水库重力坝</td><td>大西山水库</td><td>1934年</td><td>甘井子区红旗街道湾家村</td></tr>
<tr><td>11</td><td>广和配水池泵房</td><td>伏见台配水池</td><td>1902年</td><td>西岗区广和街</td></tr>
<tr><td>12</td><td>牧城塘水库泵房</td><td>牧城塘水库</td><td>1935年</td><td>甘井子区营城子街道</td></tr>
<tr><td>13</td><td>大连机车车辆工厂机车车间、老干部活动中心</td><td>“满铁”沙河口铁道工厂</td><td>1910年</td><td>沙河口区中长街51号</td></tr>
<tr><td rowspan="3">14</td><td>大连造船厂中心变电所</td><td rowspan="3">中东铁路公司轮船修理工厂和造船工场</td><td>1902年</td><td rowspan="3">西岗区沿海街1号</td></tr>
<tr><td>大连造船厂南坞</td><td>1914年</td></tr>
<tr><td>大连造船厂北坞</td><td>1926年</td></tr>
<tr><td>15</td><td>大连辽南船厂船坞</td><td>旅顺船坞</td><td>1890年</td><td>旅顺口区港湾街58号</td></tr>
<tr><td>16</td><td>金州重型机器厂重容车间</td><td>“满洲重机株式会社金州工厂”</td><td>1941年</td><td>金州区龙湾路5号</td></tr>
<tr><td>17</td><td>瓦房店轴承集团办公楼</td><td>“满洲轴承制造株式会社”</td><td>1940年</td><td>瓦房店市北共济街一段1号</td></tr>
<tr><td>18</td><td>苏家屯机务段大连运用车间扇形库</td><td>“满铁”大连机务段扇形库</td><td>20世纪20年代</td><td>西岗区海洋街1号</td></tr>
<tr><td>19</td><td>大连铁道有限公司办公楼</td><td>“满铁”旧址</td><td>1909年</td><td>中山区鲁迅路9号</td></tr>
<tr><td>20</td><td>大连电车修配厂车间</td><td>“南满洲电车修理工场”</td><td>1907年</td><td>中山区民主广场7号</td></tr>
<tr><td>21</td><td>五二三厂吴屏周烈士墓、安疆烈士墓</td><td>原在五二三厂<br>现在大连烈士陵园</td><td>1948年<br>1949年</td><td>甘井子区海北路2号</td></tr>
</table>

我们习惯于把久远的物件当作文物和遗产，对它悉心保护，而把眼前这些刚被淘汰、被废弃的物件当作垃圾和障碍物，急于将它们毁弃。正像我们曾经不理智地对待古城古街一样，我们正在迅速毁掉工业时代留在中

华大地上的遗产。较之几千年的中国农业文明和丰厚的古代遗产来说，工业遗产只有百年或几十年的历史，但它们同样是社会发展不可或缺的物证，其所承载的关于中国社会发展的信息、曾经影响的人口、经济和社会，甚至比其他历史时期的文化遗产要大得多。

## 大连工业遗产保护存在的问题

随着大连城市空间结构和使用功能需求的变化，大连市市政府决定对市内大型企业实施整体搬迁改造。随着大规模的企业搬迁改造进程的加快，那些记录了特定年代和几代人艰苦创业的历程，那些真实而又弥足珍贵的城市记忆，正在逐渐消失。大连工业遗产保护的形势不容乐观。

**对工业遗产保护的认识还不到位，工业遗产的价值没有得到广泛认可。**

解决工业遗产保护的认识问题是当前摆在各级领导和企业面前的紧迫问题。工业遗产是20世纪初期国际上新兴的一个文化遗产保护概念，一些发达国家对工业遗产保护有着非常成功的先例。近年来，国内的上海、无锡、沈阳、青岛等城市也在这方面有所建树。但从目前我们了解的情况看，大连市的工业遗产保护理念和实际情况与发达地区相比还存在很大差距。一是没有看到工业遗存自身所蕴含的巨大人文价值和丰富的文化内涵，对见证城市历史进程的工业遗产缺乏正确的认识和足够的尊重。因此将工业遗存作为简单的生产加工和劳动就业场所，甚至是城市建设以及企业进一步发展的包袱和障碍，拆除清理并代之以新的开发项目是理所当然。二是在企业改造过程中，过多地追求企业开发中的经济价值，忽略了企业发展过程中的文化价值。在工业遗产对城市精神的提升、城市文明的构建、城市形象的塑造等方面还缺乏深入思考。由于这些认识上的缺位，导致了一些珍贵的工业遗产在一轮又一轮的开发建设中逐渐消失，造成了无法挽回的巨大损失。

**在城市开发建设和产业结构调整过程中，工业遗产保护面临着巨大考验。**

正确处理开发建设和遗产保护的关系是当前刻不容缓的问题。近年来，随着我市空间结构和使用功能需求的变化，新型工业建设项目开始向城外工业园区转移，城内的旧工业设施日渐废置。如，近年来涉及到的较大规模的搬迁改造的企业有：1995 年大连渤海啤酒厂搬迁；2000 年，具有八十年历史的大连染料厂搬迁；2001 年，大连玻璃集团公司搬迁；2003 年，大重、大起重组后搬迁至泉水新厂；接着具有八十年历史的大连电瓷厂搬迁至高新园区双 D 港。在“城市改造”的热潮中，在推土机的轰鸣中，这些当年尚未界定为文物、未受到重视的工业遗存，没有得到有效保护，急速从城市中消失。烟消尘散后留下的是城市记忆的空洞，使城市失去了原有的特色。

**在技术不断更新更替过程中，工业遗产面临着巨大冲击。**

在产业更新发展过程中，如何正确对待工业遗产保护已经成为文化遗产保护领域里的重要课题。日新月异的技术变革彻底改变了工业厂房、机器及工具的制造方式及使用方式，旧有的生产方式很快淘汰，以至于原来的工业化遗址很快步入历史。20 世纪末我们还能在城市内个别企业看到世纪之初的机器仍在进行生产或闲置在车间的某一角落。现在，这些见证着几代人为之奋斗牺牲，承载着光荣与梦想的最后的历史痕迹也将从工业生产领域中完全消失，这不能不说是一件巨大的憾事。

# 大连工业遗产的特点

大连工业遗产主要由近代民族工业遗产、近代殖民工业遗产和现代工业遗产三部分构成。这些工业遗产具有鲜明的特征：

## 殖民工业遗产比重较大

大连城市是俄日两个帝国主义国家投巨资在荒僻村落上建成的。俄日两个帝国主义都急于在大连建立垄断的大机器工业，以便扩大侵华实力和争夺世界，因此必然要在大连投入巨资建立垄断的大机器工业。俄国占领大连时期，据 1903 年 1 月 1 日调查，大连总计 50 多家大小工厂，凡属较重要者，均有俄国资本在经营。[1] 日本殖民统治大连时期，20 世纪 40 年代初，大连的工业投资总额中，日资占 96%，特别是“南满洲铁道株式会社”占了相当大的比例。[2] 因此，大连工业遗产中殖民工业的特点非常突出。

## 重工业遗产占主体地位

俄国占领大连时期，大连最大的工业企业有铸铁厂、修造火车车辆的机车制造及修造船舶的利斯工厂，构成大连工业的主体部分。日本殖民统治大连时期，不仅接管并大肆扩充了原属俄国的机器工业，而且新建了石油、化工、建材、电力、冶金、纺织等企业。大连解放初期、国民经济恢复时期和国家“一五”时期，大连工业有了快速发展，工业门类比较齐全，重工业仍在大连工业中占有较大比重。

---

[1] 沈毅：《近代大连城市经济研究》，辽宁古籍出版社，1996 年，第 62 页。

[2] 佟吉伦：《从殖民地到社会主义工业城市》，《科学社会主义》1991 年第 3 期，第 35 页。

**军事工业遗产地位突出**

光绪六年（1880），清政府为御侮于外，遂辟旅顺口为军港，光绪八年（1882）又设立了大连地区第一座机器工厂。俄日殖民统治大连时期，尤其是“九一八事变”后，大连的殖民工业迅速纳入军事轨道；“七七事变”后，日本提出了“战时生产第一”的口号，大连原有的大型企业全面转向军用工业；1941年太平洋战争爆发，在“战争第一”的宗旨下，许多工厂都实行战时体制，生产军火和军需物资，大连工业在军工轨道上疯狂发展。解放战争时期，作为特殊解放区的大连，正式建立了大型兵工联合企业——大连建新工业公司，成为东北地区最大的兵工生产基地，为解放争和抗美援朝战争做出了巨大贡献。

**工业建筑遗产数量居多**

在工业遗产调查中，我们发现，大连工业遗产多为工业建筑遗产。工业建筑的建造目的：以容纳机器、材料、劳动和设备为原则，服务于生产和制造的功能要求。出于这个目标，工业建筑的实用性远远要超过建筑的美学性。[1]大连工业建筑遗产按结构形式和空间特征大致可分为3类：一是重型机械车间、设备仓库等具有高大空间的大跨度类建筑，其建筑结构多为巨型钢架、拱或排架等，如大化合成车间、大连海港15库；二是多层建筑混合结构，外砖承重墙、钢柱梁和混凝土预制板，层高一般，空间开阔，多用作仓库、小型车间和配套的管理办公用房，如金州纺织厂的成品仓库、一纺车间、办公楼；三是由特殊用途决定的特殊构筑物，其构造形式反映其特定功能，如沙河口净水厂的过滤室、泵房等。这些工业建筑遗产大多具有建筑低龄化、建筑类型丰富、空间适度能力强、改造容易操作的特点。

---

[1] 左琰：《德国柏林工业建筑遗产的保护与再生》，东南大学出版社，2007年，第75页。

# 大连工业遗产保护和利用的意义

**大连近代工业的诞生、发展促进了大连近代城市的形成和发展，工业遗产则是其形成和发展的重要物证。**

马克思指出："城市本身表明了人口、生产工具、资本、享乐和需求的集中；而在乡村看到的却是完全相反的情况：孤立和分散。"[1]显然，作为城市必须具备人口的密集性、主要经济部门的非农业性及居民性的非血统联系的社会性这样三个基本条件。

1899年7月，大连青泥洼一带还只是一个有着几十户人家用的小村落。东青泥洼17户，西青泥洼20户，黑嘴子10余户，西岗子13户。[2]当时的大连，渔帆点点，炊烟袅袅，完全没有城市的喧嚣。随着俄国侵占旅大地区，着手建设大连商港，到1903年大连港第一期建筑工程基本完成，商港初具规模并正式开放使用。筑港的同时，大连工业发展较快，从而带来了人口在空间上的集中，1903年大连市内人口为三万多人。此时昔日的渔村消失了，代之而起的是一座初具规模的、崭新的近代城市。大连商港的形成，使大连发展成为近代港口城市，刺激了大连地区城市经济的发展。这座新兴的港口城市具备了运输、通信、工业、商业、贸易、金融、公用事业等功能，大连也由初期的近代萌芽城市跃至初显繁华的都市。

在港口建设作用日益显现和影响下，大连地区的大机器工业建立起来，机械工业、化学工业、棉纺织工业、缫丝纺织工业、特殊钢冶炼工业、水泥工业及烧碱与造纸工业等，都从无到有地建立起来。1911年大连工厂数为165个，生产额1908万日元；1932年工厂数为487个，生产额1.05亿日元；1937年工厂数为1021个，生产额2.67亿日元；1942年，工厂数为

[1]《马克思恩格斯全集》第3卷，人民出版社，1960年，第57页。

[2]《大连市志·房地产志》，大连出版社，1997年，第29页。

1116个，生产额4.7亿日元。迅速发展的工业同时也吸引了大批中外人口向大连迁徙流动。有材料统计，大连城市人口1911年为104679人，1932年增加到285163人，1937年4月城市人口为386934万人，1943年大连城市人口激增到826907人。

总之，大连城市与其他城市不同，其城市工业基本上没有经过手工业阶段，而是机器工业的诞生，标志着大连工业从无到有的问世。大连之所以有这样的特点，是因为大连城市不是从古代城市演变而来，而是俄日两个帝国主义国家投巨资在荒僻村落上建成的。对于殖民统治来讲，城市的工业化是他们推动城市化最重要、最直接的动力。大连地区的工业化和城市化完全是同在殖民统治政策的操控下，同步进行，同步发展的。随着近代大连机器工业的诞生，企业生产规模不断扩大、增多，导致了人口的高度聚集，从而推动了近代大连城市的形成和迅速发展。所以大连近代工业在近代大连城市发展历程中起着非常重要的作用。工业遗产则是反映大连近代工业的重要物证。

**大连工业遗产是传承大连城市精神重要的物质载体**

保护好工业发展历史进程中的工业遗存，可以使我们记住中国的工业化过程中那些屈辱，更有“可歌可泣”的事件和人物，记住那个实现强国梦想几代人持之以恒、不懈努力的时代，记住工人的伟大和劳动的光荣。

为修建旅顺北洋海军基地工程临危受命、殚精竭虑、死于任上的袁保龄，其自谓每夜“非交丑(时)不能熟睡。幸筋力顽壮，每日奔走尚不知疲”。“所历艰苦，实为四十年所未有……方来之始，万事瓦裂，今则公帑节省数万金，海防军容渐如荼火，差可自慰，而面黑肤瘦、形容憔悴、鬓发已渐渐白矣”。在修建拦潮大坝时，袁保龄督率部下，于冰雪风雾中植立坝上四十余日，仿粟毓美石坝纯用块石护坝之法，终于使得大坝获得坚稳。其

上排左起：吴运铎、赵桂兰、田桂英、卢盛和
下排左起：陈火金、孙华喜、张玉金、方秀贞

遗著《阁学公集》，十卷“公牍”，几乎全谈旅顺工程，筑坝挖泥、建坞修桥……事无巨细，却都一一考虑周全，不能不使后人对这位筚路蓝缕的先行者产生深深的敬意。留洋德国归来的工程师陆昭爱组装60吨起重船，其“独任其难，昼夜未尝离厂一步”达数日之久，终因操劳过度，病故于旅顺。袁保龄对陆绍爱的爱国敬业精神大加赞赏，对他的病故深感痛惜地说：“工未成而身殒，即悲其遭，尤惜其才”。连洋员汉纳根也感动地说：“该船坞造成，归功于该故匠者，良非虚誉所有”。

保留下来的工业遗产可以使我们更好地缅怀过去、教育后人，激发人民为振兴国家工业而奋斗的爱国热情和民族精神。工业遗产作为城市文明进程的见证者，不仅承载着真实和相对完整的工业化时代的历史信息，还传承了产业工人的优秀品德。在新中国成立后的一穷二白的困境下，工业阶级不畏艰难险阻，克服困难，在社会主义工业建设中奏响一曲曲惊天动地的赞歌。

被誉为中国的“保尔·柯察金”的兵工专家吴运铎、“党的好女儿”赵桂兰、“中国第一位女火车司机长”田桂英、一生中创造了644项技术革新的著名“工人技术革新家”卢盛和、爆破加工专家陈火金、“盐滩铁人”孙华喜、“锻造革新家”张玉金、“老黄牛”式的刨工方秀贞等，他们都是大连工人的优秀代表，是大连人民的骄傲和光荣。

据新中国第一位女火车司机田桂英回忆：在那个心中怀有梦想、高唱凯歌大步前进的年代，女火车司机除了是一个职业，还被赋予了特殊的政治意义。她还清楚地记得，“铁道部任命我们这个包车组为三八号包车组，大连市委和共青团、工会为了纪念我们的出车典礼，就在大连火车站召开了两千多人的一个‘庆祝中国女火车司机出车典礼’大会。1950年3月8日，段长亲自给我们发了开车驾驶证。当时我们跑的就是大连到旅顺的夜车。”

三八号包车组启程了，这是女火车司机们一生中最光鲜亮丽的日子，

左：英姿飒爽的田桂英

中：田桂英在三八号包车组机车上首次出车

右：工作中的女火车司机们（左一为田桂英）

然而驾驶蒸汽机车这样的重体力劳动，对于几个年轻的女孩子来说的确有些勉为其难。田桂英说道："烧火这个技术还挺高的，不能说把煤投到那个火床子里就不管了。把煤投进后门得散开，这样车才能上汽还省煤。我们练习投煤的时候，第一天累得腰都抬不起来了。晚上回到宿舍就睡觉。累得大伙儿都不敢说话。那个时候我是组长，我就说，大伙你们累不累呀？大伙都不敢说实话，怕说累了领导就不同意了。都说，不累，不累。我说，你们都不说真话，怎么不累呀？我都累了，你们还不累。这回大伙儿就说真话了，就说累得腰可疼了，晚上睡觉都不敢翻身。经过两三天的练习就一点点适应了"。"那个时候就要求每 15 分钟投 280 锹，那个锹都是一个个大板锹，方形的。一锹都六七斤。我们正式跑车的时候，一个人都能烧上 3 吨煤，一个班能烧上 6 吨煤。6 吨煤平均两个人烧，一个人就是 3 吨。这 3 吨就是一大堆，所以说特别累。"

而令她们感到开心的是，在那个年代劳动者得到了社会最大的尊重。田桂英，一名普通女火车司机，由于出色的工作受到了党和国家最高领导人的接见。田桂英："主席接见我们了。他们介绍，这就是开火车的田桂英。主席说了，你能开火车么？我就心想，主席你怎么老不相信我呢？和主席握手的时候，我就使点劲。看看主席能不能知道我有劲。等我使劲握手的时候，主席就说，哎呀，你还真有点劲呀。"

在这些大连工人优秀代表身上，我们感受到的是一种"痴劲"、"疯劲"、"傻劲"。这种对事业的"痴"，对工作的"疯"，对得失的"傻"，正是大连工业发展中需要的闯劲、干劲、韧劲，也是城市一代又一代建设者身上薪火相传的精神火炬。

工业遗产中蕴含着他们这种钢铁般的意志、无私奉献的热情、高度的纪律性和自觉的创造性。他们用拼搏和奉献凝聚的优秀品格，为社会添注了一种永不衰竭的精神动力。透过工业遗产，我们能看到这一份份历久弥

上：田桂英受到毛主席的亲切接见

下：田桂英（右一）和同事们接受奖励

新的精神积淀。

一段城市的记忆，终将留存在这里生活过的每一个人的心中，而这座城市留给一个人内心的光荣，也许会被深埋。但永远不会消失。

**工业遗产是社会发展历史的记录和见证**

新中国成立伊始，百废待兴。第一代领导人从先辈的历史和自身的经历中明白这样一个道理：列强之强和中国之弱就在于有无近代工业。党中央把集中力量尽快使中国从落后的农业国转变为先进的工业国确定为中心任务，大力发展工业，夯筑起共和国工业的基石，助推着社会和经济的发展。因为大连在当时发展工业的条件得天独厚，因此国家首先选址大连。大连的工业也为中国解放战争的胜利、新中国的诞生、共和国的建设做出了巨大的贡献。

在解放战争期间，大连的建新公司生产了五十多万发炮弹、八十多万枚引信、六十多万个底火、一千四百三十门迫击炮、二十万多万只雷管、四百五十多吨无烟火药，另外还有机车、铁船（壳）、军服、军鞋、喝水的搪瓷缸、发报机、发电机等，这些军用物资源源不断地送到了前线。新中国诞生后，百废待举，百业待兴。大连这座中国最早发育的工业文明城市就以自己的钢筋铁骨，为共和国的工业做出了巨大贡献。

在抗美援朝战争中，大连作为祖国东北的海防前哨，成为支援抗美援朝战争的重要基地，承担了大量的军需物资生产任务。“工厂就是战场，工具就是武器”；“后方多流汗，前方少流血”都是当时大连人提出的响亮战斗口号，大家不计报酬、废寝忘食地加班加点工作，昼夜奋战在生产岗位上。仅 1951 年就寄到前线 15 万封慰问信和 10 万个慰问袋；1951 年第一季度就生产 75 毫米反坦克破甲炮弹 2 万余发，70 毫米反坦克破甲炮弹 3 万余发；近 3 年的时间生产 5 种规格的火箭弹、野炮和榴弹炮等共计 144 万发，无一炸膛，炸药包 8842 箱（每箱 24 公斤）；13 个月完成单、棉军服 91.4 万套；6 个月完成军鞋 40 万双；13 个月生产和种罐头 2394 吨，压缩饼干 14000 吨，糖果 400 吨。[1]

在建设新中国的征途中，大连工业始终屹立在时代潮头，降生了无数个中国第一。几十万产业大军承担着支援国家基础设施建设和振兴民族工业的精神使命。大连机车、造船、瓦轴、大化等企业也成为全国同行业的摇篮，他们用技术和骨干在全国孵化出众多的同类企业。时间的车轮滚滚向前，大连人用自己钢铁般的意志和无私奉献的精神，勾勒出共和国长子的伟岸身影。

保留下来的工业遗产则记录了大连人民曾经为新中国的诞生、共和国的发展、壮大做出的巨大贡献。保护这些工业遗产就是保护我们曾经取得的工业建设、城市建设和经济建设的伟大成绩和丰硕成果，是对曾经取得成就的最好纪念。

## 大连工业遗产保护和利用对策

### 切实提高对工业遗产保护的认识

正确认识工业遗产的历史地位。工业遗产是记录一个时代社会发展、产业状况、工程技术水平等工业文明的文化载体。大连工业遗产是大连城市文化遗产的重要组成部分，它直观地反映了大连一百多年来城市发展的历史进程，是全市人民智慧的结晶。保护工业遗产，是传承城市历史文脉的重要基础，是维护大连文化多样性和创造性的必要条件，也是创建大连

[1] 中共大连市委党史工作委员会:《大连建新公司兵工生产史料》，大连党史资料丛书（五），1988 年。

现代文化名城的基本前提。

正确认识工业遗产的文化价值。工业遗产具有重要的历史价值，因为它见证了工业活动对历史和今天所产生的深刻影响；工业遗产具有重要的社会价值，因为它见证了人类巨大变革时期社会的日常生活；工业遗产具有重要的科技价值，因为它见证了科学技术对于工业发展所做出的突出贡献；工业遗产具有重要的经济价值，因为它见证了工业发展对经济社会的带动作用；同时工业遗产还具有重要的审美价值，它见证了工业景观所形成的无法替代的城市特色。

正确认识大连工业遗产的特有价值和地位。大连是东北老工业基地，为共和国的诞生立下不可磨灭的功绩。对于大连这座有着辉煌工业传统的城市来说，工业的布局和发展深刻地影响着城市的格局，形成了特殊的内在肌理，是“阅读城市”的重要物质依托，也具有区别于其他城市的独立品质。工业遗产的消失所导致的城市文化的断层，将对大连的城市肌理和个性特征带来不可挽回的伤害。因此，充分认识工业遗产保护对于城市长远利益的重要性和不可替代性。

**切实做好工业遗产的普查和论证**

要认真梳理甄别工业遗产的类型。在工业遗产保护工作中，我们不仅要重视那些历史悠久的近代工业遗产，同时，对建国以来在国民经济和社会发展中发挥过重要作用、有过重要贡献和影响的工业遗存，也应在工业遗产保护中占有一席之地。同时，还要重视不同工业领域生产工艺流程、科学技术发明也都是重要的遗产资源。要广泛征集可移动的工业历史文物，建立完整的工业遗产记录档案。

要加强对工业遗产保护的系统研究。对工业遗址进行考古调查是对工业遗产开展认定、记录和研究工作的基础。应参照与其他历史时期的遗址相同的标准对工业遗产开展考古研究，包括工业废料区所具有的潜在考古价值和生态价值也应得到足够重视。工业遗产研究需要从事历史、建筑、工业设计等多领域的专业人员的参与，要通过不同工业领域研究成果的资源共享，实现工业遗产的综合研究。

### 切实做好工业遗产保护规划

要认真做好工业遗产保护的法规建设。尽快开展我市工业遗产保护相关法规、规章的研究制定工作，使工业遗产通过法律手段得到有力的保护。设立专家顾问机构，对工业遗产保护的有关问题提出独立意见。制定工业遗产保护专项规划，将工业遗产保护纳入城市和地区发展的总体规划。

要切实解决工业遗产保护的经费保障。工业遗产保护属于纯公益性事业，要将工业遗产保护纳入各级政府财政预算，确保基本保护资金的落实。同时出台有利于社会捐赠和赞助的政策措施，通过各种渠道，筹集资金，促进工业遗产保护事业的发展。出台税收、财政、土地使用等鼓励社会力量参与工业遗产保护政策，引导社会团体、企业和个人参与工业遗产的保护与合理利用。

### 切实加强工业遗产的抢救性保护

要将工业遗产列入文化遗产保护单位。为防止对工业遗产随意废弃和盲目拆毁，应根据其价值大小和重要程度，由各级政府按照法律程序将其核定公布为文物保护单位。在此基础上，逐渐形成一个以各级文物保护单位为骨干，各个历史时期和各种工业门类较为齐全的工业遗产保护体系。

要最大限度地维护工业遗产功能、景观的完整性和真实性。当前应尽快甄别和抢救濒危工业遗产，以便采取措施降低其继续破坏的风险。对已面临危险的工业遗产，应采取必要的补救措施，制定相应的保护修缮以及合理利用的方案。

## 切实抓好工业遗产的保护性再利用

要充分发挥工业遗产的社会教育价值。保护性再利用是赋予工业遗产新的生存环境的必要途径。工业遗产保护性再利用不应作为商业性房地产开发项目，应重点应用于文化设施建设。应根据工业遗产原有产业及产品性质，设立各种门类的工业技术博物馆、厂史展示馆、企业纪念馆或专题博物馆。探索建立美术馆、展览馆、社区文化，建立创意文化产业园区，开展美术创作、产品研发设计、科学普及教育。

要大力发展工业遗产旅游文化产业。利用原有的厂房建筑、生产设备等，形成能够吸引人们了解工业文明，同时具有独特的观光、休闲功能的新的文化旅游产业。通过建立工业遗产旅游线路，展示与工业遗产资源相关的服务项目。设立工业遗址公园，将旧的工业建筑群保存于新的环境中，达到整体保护的目的。

## 加强工业遗产的宣传与教育

要切实提高全社会的工业遗产保护意识。公众的关注和兴趣是做好工业遗产保护工作最可靠的保证。所有经过认定的工业遗产清单，均应及时向社会公布。文化遗产保护机构应经常举办论坛、讲座等学术活动，对工业遗产的意义和价值进行积极地介绍，使公众更多地了解工业遗产的丰富内涵。

要充分发挥各类博物馆的宣传教育作用。要利用各种类型的工业建筑和丰富的工业文物精心设计各类专题展览，提高博物馆的展示水平，使学术性、知识性、趣味性、观赏性相统一。通过工业遗产可以向观众展示我市工业的发展历程，展示企业和产业工人的历史贡献，激发广大人民群众，特别是青少年的爱国热情，增强民族自豪感和自信心。

工业遗产保护是文化遗产保护领域的新课题，是具有理性认知、科学探索、广泛合作、公众参与的文化遗产保护事业，是充满前瞻性、挑战性，富有创新精神和活力的文化遗产保护行动，只有全社会的积极参与，工业遗产才能得到切实有效的保护和利用。

## 工业遗产保护工作中应注意的几个问题

### 注意保留与再利用的“度”

工业遗产与文物古迹保护有所不同，不仅要使旧建筑留存下来，最重要的一点是要积极重新利用这些工业文化资本，注入新的生命力，使之重新拥有活力，从而让其周围的历史环境复苏。因此工业遗产不能单纯保存，而是要创造性地再利用。

### 注意创意的再利用

并不是要将所有的老工厂、旧仓库都改成历史博物馆，而要在规划中，多考虑一些历史因素，通过城市空间自身来反映城市的历史价值和文化内涵。如有的工业旧址成功改造成了图书馆、档案馆、现代艺术展示中心、购物中心、餐馆、剧场、办公室、居民住宅等等。实践告诉我们，方式多种多样，手段也可以不断开拓，关键是利用其中的创意。

### 注意生态的再生

关于“再生”问题，应强调尽可能在其原有基础上，进行“生态再生”。“最小干预”就是一种较好的理念：改造中尽量尊重场地的自身特征和生态发展过程。在这些设计中，场地上的物质和能量得到了尽可能的循环利用。那些残砖瓦砾、工业废料、矿渣堆、混凝土板、铁轨等，都能成为新景观建造的良好材料。它们的使用，不仅与场地历史氛围十分贴切，而且演绎着一种材料可持续利用的过程。

**注意体现“场所精神”**

工业遗产是城市记忆的载体，是“场所精神”的物化。如何通过设计使旧址保留其历史的印迹，作为城市的记忆，唤起造访者的共鸣，同时又具有新时代的功能和审美价值是问题的关键。

在原址上进行新的设计，其目的是艺术化再现原址的生活和工作场景；更戏剧化地讲述场地故事；更诗化地揭示场所精神。“场所精神”的保护原则是城市设计中的重要概念。同样在工业遗产保护利用中，必须对根植在场地中原有的精神和文化给予继承。时间轮回，历史有了凭据，故事从这里衍生。

# 面向大海　春暖花开

## 图说大连港 15 库保护再利用

15 库坐落在大连港第一码头，1929 年建成，标号 12 仓库，1951 年中国政府从苏军手中收回大连港后，将港内仓库堆场重新排序，编为 15 号，沿用至今。这座大连港的标志性建筑物，长 196 米，宽 39 米，高 18.45 米，为 4 层钢筋混凝土结构，总建筑面积 2.6 万平方米，容量 1.5 万吨。据称，它是当时东亚建筑面积最大、机械化程度最高的港口仓库，号称“东亚第一库”。仓库地面钢筋混凝土铺就，不仅可堆存很高的货物，还能承受数吨重的叉车来回穿梭。仓库北面临海，二、三、四层逐层收缩，形成 3 个露天载货平台与岸边 4 台日本造 3 吨老式门机相配套。作业时，门机将船上货物吊起后，落钩在露天平台上，一起一落，就完成了船库间作业。

百年记忆

2017 半岛艺术公社
名家工作室
彭过春
徐雪村
唐国新
师生作品展
十五库艺术中心

经历了八十多年风雨洗礼的 15 库，其仓储的功能虽已不再，但历史赋予了她新的使命。这栋 4 层钢筋混凝土结构无梁楼盖体系的方正建筑，有了一个全新的选择，成为以文化、创意、时尚为主题定位，城市休闲、文化艺术、展览展示、主题会所、惬意办公、时尚消费等各种文化商业形态相结合的复合型创意消费区。

冲一杯咖啡，坐在遮阳棚下，面对大海，看着近在咫尺的港口和船舶，听海鸥不时发出几声鸣叫，感受并不猛烈的海风……春暖花开！

# 附录 1　关于工业遗产的下塔吉尔宪章

国际工业遗产保护协会（TICCIH）是代表工业遗产的国际组织，并且是国际古迹遗产理事会（ICOMOS）关于工业遗产的特别咨询机构。本宪章由TICCIH起草并将递交ICOMOS，获准后由联合国教科文组织最终确认通过。

## 序言

人类历史的最初阶段是由代表生产方式变化的考古资料来确定的。保护和研究这些资料的重要性已被普遍接受。

从中世纪开始，欧洲在能源利用及商贸方面的革新，导致了18世纪末的一场向新石器时代过渡到青铜器时代般深刻的变革，以其生产在社会、技术及经济方面进步之快，因而被称为一场革命。工业革命是这个历史现象的开始，它对人类及地球上其他生命产生空前巨大的影响并延续至今。

证明这些深刻变革的物质材料对人类而言具有广泛的价值，我们必须认识到研究和保护这类遗产的重要性。

参加在俄罗斯召开的2003年TICCIH大会的代表，达成以下共识：为工业活动而建的建筑物、所运用的技术方法和工具，建筑物所处的城镇背景，以及其他各种有形和无的现象，都非常重要。它们应该被研究，它们的历史应该被传授，它们的含义和意义应被探究并使公众清楚，最具有意义和代表性的实例应该遵照《威尼斯宪章》的原则被认定保护和维修，使其在当代和未来得到利用，并有助于可持续发展。

## 工业遗产的定义

工业遗产包括具有历史、技术、社会、建筑或科学价值的工业文化遗存。这些遗存包括建筑物和机械、车间、作坊、工厂、矿场、提炼加工场、仓库、能源产生转化利用地、运输和所有它的基础设施以及与工业有关的社会活动场所如住房、宗教场所、教育场所、工业考古研究等所有在工业生产过程中产生的，关于文字记录、人工产品、地层结构聚落及自然和城镇景观方面的物质与非物质材料的交叉学科，它以最适合增进理解工业史和现状的调查为研究手段。

研究的时段主要集中在18世纪后半期工业革命开始至今的时间范围，同时也探索其早期及前工业及原始工业的根源。此外它利用技术史进行研究。

## 工业遗产的价值

①工业遗产见证了人类活动对历史和今天所产生的深刻影响。对工业遗产的保护是于遗产普遍的整体价值，并非各个遗址的独特性。

②工业遗产的社会价值在于它记录了普通人的日常生活，因此具有身份认定的意义。在制造、工程、建筑历史上它具有科学技术价值，并且可以通过建筑和规划的质量产生巨大的审美价值。

③这些价值是遗产本身具备的，存在于遗址及其构件、内容、机械设备和环境背景中；也存在于工业景观、文献记录以及人们记忆和习俗的无形遗产中。

④在某些特定制作工艺、遗址类型或景观环境中幸存的稀有遗产，具有某种特殊的价值，应对其进行谨慎的评估。早期的或具有开创意义的范例具有特别的价值。

## 认定、记录及研究的重要性

①每个国家都应认定、记录并保护工业遗存以传给子孙后代。

②应当通过对不同区域和工业类型的调查，判别工业遗产的范围。利用这些信息可编制出所有经确认的遗址清单。这些目录清单应便于公众查询并免费获取。数字化及网查询方式是重要目标。

③记录是工业遗产研究的基础部分。完备的外观特征和遗址保存状况应在受到任何破坏以前载入公共档案。如果在工序停止或者场所关闭之前做好记录，就会保留大量信息。记录应包括文字描述、绘图、照片、可移动实体的录像，以充实档案。人的记忆是一种不可替代的独特资源，应尽可能加以记录。

④历史工业遗址的考古学调查是研究的基本技术手段，应与其他历史或文化时期遗存的考古具有同样高的标准。

⑤需要从事历史研究的人员来支持工业遗址保护的政策。由于许多工业活动相互依赖，因此国际性研究可帮助确认重要的国际遗址及其类型。

⑥应当明确并发布评估工业建筑物的标准，以便使这些理性和统一的标准得到公众普遍认同。通过合理的研究，这些标准将被用来鉴别最重要的残存景观、聚落、遗址、类型、建筑、结构、机器设备和工艺流程。

⑦重点遗址和建筑一经确认，应当通过强有力的法律手段确保其价值和意义得到保护。联合国教科文组织《世界遗产名录》应予以认可那些对人类文化产生巨大影响的工业文明。

⑧应明确重点工业遗址的价值，并制定应对未来破坏的方针。采取必要的立法、行政及财政手段确保遗址得到维护。

⑨确认那些面临危险的遗址，采取合理的补救措施减少危险，并实施修缮或再利用方案。

⑩通过共享资源、协调行动实现工业遗产保护的国际合作是非常有效合理的方式。应制定统一的标准来编制国际档案及数据库。

## 立法保护

①工业遗产应当被视为文化遗产不可缺少的一部分。但其立法保护又须考虑其自身特点。应当有效保护工场、机器、地下要素、地上建筑、建筑群及工业景观。应当考虑工业废弃区的考古及生态价值。

②工业遗产保护计划应当融入经济发展政策及地区或国家整体规划之中。

③最重要的遗址应当被充分保护。绝不允许危及其历史完整性或结构真实性的破坏合理的改变及再利用，对确保工业建筑物或许是个合适的、经济的路子，应当在立法控制、技术建议、税收刺激及奖励等方面予以鼓励。

④被快速的结构变化所威胁的工业社区应当得到中央及地方政府的支持。应防范这种变化对工业遗产造成的潜在威胁，并制定计划以避免突发事件。

⑤建立快速反应机制保护重要工业遗址，防止遗址中要素的迁移或破坏。重要遗址受到威胁时，有关政府机构应有法定的权利来加以干预。

⑥政府应当设立专家咨询机构，使其对有关工业遗产保护问题提出独立建议，并应征求他们对所有重要情况的意见。

⑦尽量保证本地公众在保护本地工业遗产中的协商和参与活动。

⑧发挥志愿者联盟及协会在确认遗址、促进公众参与工业遗产保护及传播信息和研究方面的重要作用。

## 维修和保护

①工业遗产保护的前提是完整性的保存，为此要尽可能对工业遗址进行维修。如果机器或组件被搬移，或构成遗址的辅助要素被破坏，那么工业遗址的价值和真实性就会大大降低。

②工业遗址保护要求对目的有充分的了解，要求对其中的各种生产工艺有完备的知识。这些生产流程也许早已变化，但仍应当对它们以前的作用进行考察和评估。

③应首先考虑保护原状。只有当面临必需的且难以阻挡的社会经济需求时，才可以考虑拆除或重置建筑物。

④除了那些具有特殊历史价值的遗址，改变工业遗址的功用，通常是可以接受的。新用途应尊重其中重要建筑结构，并维持原始流程和活动，并且应当尽可能与最初的功能相协调。建议保留一个记录和解释原始功能的区域。

⑤工业建筑的持续利用，避免了能源的浪费且有助于可持续发展。工业遗产在经济衰落地区的复兴中，可以发挥很大作用。连续的再利用，可以稳定那些面临长期就业资源突然中断的人们的心理。

⑥破坏应当是可修复的，并且要影响最小。应当记录一切不可避免的改变，被拆除的重要组件要被记录并妥善保存。许多工业工艺使遗址的完整性和趣味性熠熠生辉。

⑦重建或恢复以前已知状态，应当被认为是一种特殊的破坏，只有当它有利于整个遗址的完整性或在主要遗址遭暴力破坏的情况下才使用。

⑧许多旧的或废弃的生产工艺中人类的技艺，是极为重要的资源，一旦失传无可替代应当被详细记录并传给后代。

⑨应当鼓励对文件记录、公司档案，建造计划及工业产品标本的保护。

## 教育和培训

①应在技校及高校中开展工业遗产方法、理论及历史方面的专门培训。

②应为中、小学生编写具体的关于工业历史及遗产的教材。

## 介绍及说明

①公众对工业遗产的兴趣和感情及对其价值的欣赏是保护的最可靠方法。政府部门通过出版物、展览、电视、互联网及其他媒体，介绍工业遗址的意义和价值，持续提供重要遗址介绍，并促进工业区的旅游。

②工业技术博物馆及被保护的工业遗址，都是保护及理解工业遗产的重要方式。

③工业遗产的地区或国际线路，可突出工业遗产的演变及其所引起的大规模人类活动。

2006 年 7 月 28 日

（中国古迹遗址保护协会秘书处译）

# 附录2　无锡建议

## ——注重经济高速发展时期的工业遗产保护

值此中国工业遗产保护论坛于“4·18”国际古迹遗址日在江苏省无锡市举行，我们来自有关城市和文物部门的代表及专家学者，一致同意并建议，应注重经济高速发展时期的工业遗产保护，实现经济建设与文化遗产保护的协调和可持续发展。

我们认识到，工业遗产应包括以下内容：

——具有历史学、社会学、建筑学和科技、审美价值的工业文化遗存。包括工厂车间、磨坊、仓库、店铺等工业建筑物，矿山、相关加工冶炼场地、能源生产和传输及使用场所、交通设施、工业生产相关的社会活动场所，相关工业设备，以及工艺流程、数据记录、企业档案等物质和非物质文化遗产。

——鸦片战争以来，中国各阶段的近现代化工业建设都留下了各具特色的工业遗产，构成了中国工业遗产的主体。见证并记录了近现代中国社会的变革与发展。

我们注意到，工业遗产正受到以下威胁：

——近年来，随着城市空间结构和使用功能需求的巨大变化，新型工业建设项目开始向城外拓展，城内的旧工业区日渐废置；

——由于现代技术的运用、社会生活方式的转变，使传统工业陷入困境，先后遭遇工业衰退和逆工业化过程，不少企业面临“关、停、并、转”的局面；

——城市建设进入高速发展时期，一些尚未被界定为文物、未受到重视的工业建筑物和相关遗存，没有得到有效保护，正急速从城市中消失。

我们意识到，保护工业遗产可以通过以下途径实现：

——提高认识，转变观念，呼吁全社会对工业遗产的广泛关注；

——开展工业遗产资源普查，做好评估和认定工作；

——将重要工业遗产及时公布为文物保护单位，或登记公布为不可移动文物；

——加大宣传教育力度，发挥媒体及公众监督作用；

——编制工业遗产保护专项规划，并纳入城市总体规划；

——鼓励区别对待、合理利用工业遗产的历史价值；

——加强工业遗产的保护研究，借鉴国外工业遗产保护与利用的经验和教训。

在全球范围内，如何对待工业遗产已成为全世界共同关注的课题。我们支持国际古迹遗址理事会（ICOMOS）将今年“4·18”国际古迹遗址日的主题确定为“工业遗产”。

我们赞同国际工业遗产保护协会（TICCIH）于2003年通过的旨在保护工业遗产的《下塔吉尔宪章》，尤其是该宪章对工业遗产的定义和价值界定，以及就工业遗产立法、保护、教育培训、宣传展示等提出的原则和方法。

我们相信，保护好不同发展阶段有价值的工业遗存，给后人留下中国工业发展尤其是近现代工业化的风貌，留下相对完整的社会发展轨迹，是我们义不容辞的责任。我们建议中国工业遗产保护论坛定期召开。我们支持各级文物行政部门和地方政府在保护工业遗产方面做出的努力。

最后，我们衷心感谢中国古迹遗址保护协会（ICOMOSCHINA）、江苏省文物局和无锡市人民政府组织和主办这次论坛。

2006年4月18日于江苏无锡

# 附录3 关于加强工业遗产保护的通知

各省、自治区、直辖市文物局、文化厅(局)、文管会:

在我国经济高速发展时期，随着城市产业结构和社会生活方式发生变化，传统工业或迁离城市，或面临“关、停、并、转”的局面，各地留下了很多工业旧址、附属设施、机器设备等工业遗存。这些工业遗产是文化遗产的重要组成部分。加强工业遗产的保护、管理和利用，对于传承人类先进文化，保护和彰显一个城市的底蕴和特色。推动地区经济社会可持续发展，具有十分重要的意义。

目前，各地对工业遗产的保护还存在一些问题，一是重视不够，工业遗产列入各级文物保护单位的比例较低;二是家底不清，对工业遗产的数量、分布和保存状况心中无数，界定不明，对工业遗产缺乏深入系统的研究，保护理念和经验严重匮乏;三是认识不足，认为近代工业污染严重、技术落后，应退出历史舞台;四是措施不力，“详远而略近”的观念偏差，使不少工业遗产首当其冲成为城市建设的牺牲品。

鉴于工业遗产保护是我国文化遗产保护事业中具有重要性和紧迫性的新课题，国家文物局就加强工业遗产保护的有关要求通知如下:

一、各地文物行政部门应结合贯彻落实《国务院关于加强文化遗产保护的通知》的精神，按照科学发展观的要求，充分认识工业遗产的价值及其保护意义，清醒认识开展工业遗产保护的重要性和紧迫性，注重研究解决工业遗产保护面临的问题和矛盾，处理好工业遗产保护和经济建设的关系。

二、各地文物行政部门应努力争取得到地方各级人民政府的支持，密切配合各相关部门，将工业遗产保护纳入当地经济、社会发展规划和城乡建设规划。认真借鉴国内外有关方面开展工业遗产保护的经验，结合当地情况，加强科学研究，在编制文物保护规划时注重增加工业遗产保护内容，并将其纳入城市总体规划。密切关注当地经济发展中的工业遗产保护，主动与有关部门研究提出改进和完善城市建设工程中工业遗产保护工作的意见和措施，逐步形成完善、科学、有效的保护管理体系。

三、制订切实可行的工业遗产保护工作计划，有步骤地开展工业遗产的调查、评估、认定、保护与利用等各项工作。首先要摸清工业遗产底数。认定遗产价值，了解保存状况，在此基础上，有重点地开展抢救性维护工作，依据《文物保护法》加以有效保护，坚决制止乱拆损毁工业遗产。

四、像重视古代的文化遗产那样重视近现代的工业文化遗存，深入开展相关科学研究，逐步形成比较完善的工业遗产保护理论，建立科学、系统的界定确认机制和专家咨询体系。开展对工业遗产价值评判、保护措施、理论方法、利用手段等多方面研究，并形成具有一定水平的研究成果，从而指导工业遗产保护与利用的良性发展。

五、结合工业遗产保护与保存情况，利用多种渠道，采取多种形式，开展保护工业遗产的宣传教育，提高公众对工业遗产的认识，使工业遗产保护的理念和意识深入人心，充分调动社会各界保护工业遗产的积极性，营造良好的社会保护氛围，推动我国工业遗产保护工作的顺利开展。

国家文物局

2006 年 5 月 12 日

# 附录 4　作者发表的关于工业遗产的文章

1.《创新工业遗产利用新模式》,《光明日报》2012 年 11 月 17 日 12 版。

2.《大连工业遗产保护和利用对策研究》,《中国博物馆研究》2010 年第 4 期。

3.《工业遗产保护初探》,《大连理工大学学报》2011 年第 3 期。

4.《大连工业遗产的保护和利用》,《辽宁师范大学学报》2010 年第 2 期。

5.《大连工业建筑遗产的保护和再生对策研究》,《辽宁师范大学学报》2011 年第 1 期。

6.《留住工业文明的记忆——大连工业遗产调查报告》,《中国文物报》2009 年 12 月 16 日 7 版。

7.《大连台山净水厂》,《海峡两岸及港澳地区建筑遗产再利用研讨会论文集及案例汇编》,文物出版社,2013 年。

8. 大连市社会科学研究 2010 年度项目(副省级),编号 10DLSK392,“大连工业遗产的保护和利用研究”。

9. 大连市社会科学研究 2011 年度项目(副省级),编号 2011 DLSK433,“大连机车制造遗址群保护和利用对策研究”。

10. 大连市社科联(社科院)2012—2013 年度课题(副省级),编号:2012dlskyb313,“大连工业遗产中可移动文物的保护和利用研究”。

# 参考文献

## 著作

[1] 刘伯英、冯钟平：《城市工业用地更新与工业遗产保护》，北京：中国建筑工业出版社，2009年。

[2] 白青峰：《锈迹——寻访中国工业遗产》，北京：中国工人出版社，2008年。

[3] 左琰：《德国柏林工业建筑遗产的保护与再生》，南京：东南大学出版社，2007年。

[4] 国家文物局文保司，无锡市文化遗产局：《中国工业遗产保护论坛文集》，南京：凤凰出版社，2007年。

[5] 建筑文化考察组，潍坊市规划局：《山东坊子近代研究与工业遗产》，天津：天津大学出版社，2008年。

[6] 王建国等：《后工业时代产业建筑遗产保护更新》，北京：中国建筑工业出版社，2008年。

[7] 张松，王骏：《我们的遗产　我们的未来》，南京：同济大学出版社，2008年。

[8] 张松：《历史城市保护学异论——文化遗产和历史环境保护的整体性方法》，南京：同济大学出版社，2008年。

[9] 张松：《为谁保护城市》，北京：生活、读书、新知三联书店，2010年。

[10] 朱晓明编著：《当代英国建筑遗产保护》，上海：同济大学出版社，2007年。

[11] 刘会远、李蕾蕾:《德国工业旅游与工业遗产保护》，北京：商务印书馆，2007年。

[12] 张艳华:《上海城市建筑遗产保护与再利用》，北京：中国电力出版社，2007。

[13] 单霁翔:《文化遗产保护与城市文化建设》，北京：中国建筑工业出版社，2009年。

[14] 单霁翔:《城市文化发展与文化遗产保护》，天津：天津大学出版社，2006年。

[15] 单霁翔．从“文物保护”走向“文化遗产保护”．天津：天津大学出版社，2008。

[16] 单霁翔:《留住城市文化的“根”与“魂”》，北京：科学出版社，2010年。

[17] 刘会远、陈小坚:《追求文脉　追求和谐》，北京：商务印书馆，2008年。

[18] 岳宏:《从世界到天津——工业遗产保护初探》，天津：天津人民出版社，2010年。

[19] 张凡:《城市发展中的历史文化保护对策》，南京：东南大学出版社，2008年。

[20] 孙毓棠、汪敬虞:《中国近代工业史资料》，北京：科学出版社，1957年。

[21] 沈毅:《近代大连城市经济研究》，沈阳：辽宁古籍出版社，1996年。

[22] 大连市委宣传部、大连广播电视台:《崛起的海岸》，大连：大连出版社，2011年。

[23] 郭铁椿、关捷:《日本殖民统治大连四十年史》，北京：社会科学文献出版社，2008年。

[24] 张福全:《辽宁近代经济史》，北京：中国财政经济出版社，1989年。

[25] 华文贵、王珍仁:《大连近代城市发展史研究》，沈阳：辽宁民族出版社，2010年。

[26] 左峰：《中国近代工业化研究》，上海：上海三联书店，2011 年。
[27] 傅崇兰、白晨曦、曹文明：《中国城市发展史》，北京：社会科学文献出版社，2009 年。
[28] 董志凯、吴江：《8 个中国的奠基石——156 项建设研究（1950—2000）》，广州：广东经济出版社，2004 年。
[29] 汪海波：《新中国工业经济史》，北京：经济管理出版社，1986 年。
[30] 李文海：《民国时期社会调查丛编——近代工业卷》（上、中、下），福州：福建教育出版社，2010 年。
[31] 王家俭：《李鸿章与北洋舰队》，北京：生活、读书、新知三联书店，2008 年。
[32] 王柏春：《中国近代机械简史》，北京：北京理工大学出版社，1992 年。
[33] 解学诗：《满铁史资料第四卷》，北京：中华书局，1987 年。
[34]《大连通史》编委会《大连通史》（近代卷），北京：人民出版社，2010 年。
[35] 大连百科全书编纂委员会、中国大百科全书出版社编辑部：《大连百科全书》，北京：中国大百科全书出版社，1999 年。
[36] 辽宁省档案局（馆）：《共和国工业长子的足迹——辽宁工业 10 年发展历史回眸》，北京：中国档案出版社，2009 年。
[37] 大连化学工业公司：《大化志（1933—1985）》第一卷，1988 年。
[38]《大连造船厂史》编委会《大连造船厂史（1898.6—1998.6）》，1998 年。
[39] 大连市自来水集团有限公司：《大连市城市供水志（1879—2004）》，北京：方志出版社，2005 年。
[40] 大连机车车辆厂厂志编纂委员会：《铁道部大连机车车辆工厂志》，大连：大连出版社，1993 年。
[41] 大连钢厂厂志办公室：《大连钢厂志》，沈阳：辽宁人民出版社，1988 年。
[42] 工厂简史编委会编：《大连机车车辆厂简史（1899—1999）》，北京：中

国铁道出版社，1999年。
[43] 周永刚：《大连港史》（古、近代部分），大连：大连出版社，1995年。
[44] 王淑琴、韩增林：《大连工业地理》大连：大连理工大学出版社，1993年。
[46] 刘世琦：《旅大地理》，新知识出版社，1957年。
[47] 辽宁省国防科工办史志办汇编：《大连建新工业公司历史资料》，1986年。
[48] 大连发电总厂：《大连发电总厂志》第一卷（1919—1985），1989年。
[49] 大连市史志办公室：《大连市志——大连化学工业志》，沈阳：辽宁民族出版社，2004年。
[50] 大连史志办公室：《大连市志——冶金工业志、盐业志、电子工业志、医药志》，沈阳：辽宁民族出版社，2004年。
[51] 大连起重机器厂：《大连起重机器厂志（1948—1985）》，1987年。
[52] 国营金州纺织厂：《金纺厂志》，1990年
[53] 大连纺织厂厂志编纂委员会：《大纺厂志》，1993年。
[54] 大连市史志办公室：《大连之最》，大连：大连出版社，1997年。
[55] 中共大连党史研究室：《大连抗美援朝运动纪实》，北京：中共党史出版社，2011年。
[56] 大连市经济委员会：《大连工业资料》，2006年。
[57] 刘功成：《大连工人运动史》，沈阳：辽宁人民出版社，1989年。
[58] 钟祥斌：《现代企业文化建设纪实》，大连：大连理工大学出版社，1991年。
[59] 旅大总工会：《英模事迹》，1949年。
[60] 关东实业公司：《关东实业公司总览》，1949年。
[61] 陈国清：《东北机械资料选编 1945—1954》，1985年。

## 论文

[1] 邢怀滨、冉鸿燕、张德军：《工业遗产的价值与保护初探》，《东北师范大学学报》（社会科学版），2007 年第 1 期，第 16~19 页。

[2] 姜振寰：《东北老工业基地改造中的工业遗产保护与利用问题》，《哈尔滨工业大学学报》（社会科学版），2009 年第 3 期，第 62~67 页。

[3] 韩福文、佟玉权：《东北地区工业遗产保护与旅游利用》，《经济地理》2010 年第 1 期，第 135~138 页。

[4] 卫东风、孙毓：《从奥塞车站到奥塞博物馆的启示》，《南京艺术学报》2007 年第 4 期，第 168~171 页。

[5] 付瑶、刘文军、崔越：《国外旧工业建筑再利用对我国的启示》，沈阳建筑工程学院学报》（自然科学版），2003 年第 1 期，第 33~36 页。

[6] 沈丽虹、岑瑜、于丽英：《工业建筑遗产再利用研究》，《生态环境学报》2009 年第 1 期，第 144~146 页。

[7] 李向北、伍福军：《多角度审视工业建筑遗产的价值》，《科技资讯》2008 年第 4 期，第 67~68 页。

[8] 冯立昇：《关于工业遗产研究与保护的若干问题》，《哈尔滨工业大学学报》2008 年第 2 期，第 1~8 页。

[9] 刘翔：《工业遗产的认定和价值构成》，《滨州学院学报》2009 年第 4 期，第 61~64 页。

[10] 彭芳：《我国工业遗产立法保护研究》，武汉理工大学硕士学位论文，2009 年。

# 后 记

从 2008 年我作为大连工业遗产课题组的负责人，接触大连工业遗产开始，到如今已转瞬 10 年过去。期间我和课题组的其他成员，以及我所在的大连现代博物馆同事，曾数十次深入到大连的企业调查、访谈，查找了数百万字的资料，搜集、拍摄了千余张照片；承担并完成了大连工业遗产保护、利用方面的社会科学重点课题多项；策划了电视片《大连往事——一座城市的工业遗产记忆》的拍摄，并担任撰稿，该电视片多次在中国中央电视台和大连电视台播出，获 2013 年大连文艺界十大有影响作品和大连市第十三届优秀纪录片奖；先后在《光明日报》《大连理工大学学报（社会科学版）》《辽宁师范大学学报（社会科学版）》等报刊发表相关论文 10 余篇。

10 年来，我始终放不下大连工业遗产保护、利用研究，但因行政事务繁多，迟迟未能完成书稿。幸喜上级领导耳提面命，同事鼓励敦促，经过数月努力，终于可以交卷。

在大连工业遗产的调研期间，得到了大连辽南船厂、大连港集团有限公司、大连船舶重工集团有限公司、大连公交客运集团有限公司电车分公司、中车大连机车车辆有限公司、大连宝原核设备有限公司、瓦房店轴承集团有限责任公司、大化集团有限责任公司、大连特殊钢有限责任公司、大连铁道有限责任公司、大连自来水集团有限公司等企业的大力支持，特此致谢！

本书使用了部分学者研究成果和图片，深表谢意！除注明出处外，其他未能一一列出，敬请谅解。

本书作为初步成果，难免有不足之处，诚请方家和读者指正。

刘功成教授、郭铁椿教授为本书提供了部分照片；课题组成员和大连现代博物馆同事李媛媛、李慧、薛璟、赵琦、杨莹等或设计、或拍摄、或处理照片，或收集资料……在此一并表示感谢！

姜晔

2017 年 3 月于星海湾畔